生物系のための

やさしい
基礎
統計学

著 藤川 浩
Hiroshi Fujikawa

小泉和之
Kazuyuki Koizumi

講談社

はじめに

　本書は生命科学系の大学生を対象とした統計学の入門書です．本書では対象学生に合わせて，基本事項をできるだけ平易に説明し，また複雑な数式は避けています．一方，内容は統計学の基礎として学ぶべき必要事項を満たしています．

　これまで多くの統計学の入門書が刊行されてきましたが，生命科学系の学生が身につけておくべき統計学の基本事項を，基礎から系統立てて，しかもわかりやすく説明した書籍は非常に少ないのが現状でした．本書は高校で習った数学を再度説明しながら，生物学や医学に関係する例をできるだけ多く取り上げています．また，教科書を読んだだけでは内容を十分に理解できないこともよくあるため，本書は例題を使いながら解説しています．例題を解きながら本書を読み進んでください．各章末の問題も理解度の確認のために活用してください．また，特に重要と考えられる数式は，青色の帯状にして目立たせましたので，試験準備などに活用してください．

　実験や調査で得られたデータを実際に統計処理するには，大量の計算が必要です．しかし，コンピューター科学の発達によって，私たちは瞬時に統計処理の結果を得ることができます．統計処理用ソフトウェアはいくつかありますが，本書は多くの学生が使っているマイクロソフト社のエクセル®を使って解説します（本文中では Ex で示してあります）．学生のみなさんは，エクセルでの処理に慣れた後，統計専用ソフトウェアを使えるようになればよいでしょう．

　本書の「発展」では，やや詳しい説明あるいは高度な内容を解説しています．この部分を省いて読み進んでも問題ありませんが，興味のある学生はぜひ読んでください．

　本書は第1章と第2章を小泉が，第3章から第14章を藤川が執筆し，その後お互いに校閲しました．本書の特に3章以降は，薩摩順吉著『理工系の数学入門コース7　確率・統計』（岩波書店）などを基礎にして書かれています．さらに詳しく統

計学について勉強したい人は，この本や巻末に示した参考図書を使ってください。

2016 年 10 月

藤川　浩，小泉和之

目　次

はじめに ……………………………………………………………… iii

第1章　データの種類と特徴 ————————————————1

1.1　統計学で扱うデータについて ………………………………… 1
1.2　確率変数 …………………………………………………………… 2
1.3　度数分布表・ヒストグラム …………………………………… 2
　　 1.3.1　度数分布表　　3
　　 1.3.2　ヒストグラム　　5
1.4　散布図 ……………………………………………………………… 5

第2章　データの代表値，散布度 ————————————————9

2.1　代表値：中心的位置を表す統計量 …………………………… 9
　　 2.1.1　平均値　　9
　　 2.1.2　中央値　　10
　　 2.1.3　最頻値　　10
2.2　散布度：分布の広がり度合いを表す統計量 ………………… 11
2.3　2次元データの特徴を表す統計量 …………………………… 13

第3章 統計学のための基礎知識 —————— 19

- 3.1 集合 ·· 19
  - 3.1.1 集合と要素　19
  - 3.1.2 要素の数　21
- 3.2 順列と組合せ ··· 23
  - 3.2.1 順列　23
  - 3.2.2 組合せ　24

第4章 確率 —————— 27

- 4.1 確率の定義 ··· 27
- 4.2 確率の性質 ··· 29
- 4.3 ハーディー・ワインベルグの法則 ··· 32
- 4.4 条件つき確率 ··· 33
- 4.5 ベイズ統計学 ··· 37
  - 4.5.1 ベイズの定理　37
  - 4.5.2 ベイズ更新　40

第5章 確率変数 —————— 45

- 5.1 確率変数とは ··· 45
  - 5.1.1 離散的確率変数　45
  - 5.1.2 連続的確率変数　47
- 5.2 確率変数の平均と分散 ··· 49
- 5.3 確率変数の加法と乗法 ··· 53

第6章 さまざまな確率分布 —— 57

- 6.1 二項分布 ・・・57
  - 6.1.1 二項分布とは　　57
  - 6.1.2 二項分布の平均と分散　　59
  - 6.1.3 二項分布における確率密度　　60
- 6.2 ポアソン分布 ・・・62
- 6.3 多項分布 ・・・65
- 6.4 超幾何分布 ・・66

第7章 正規分布 —— 69

- 7.1 二項分布の極限 ・・・69
- 7.2 中心極限定理 ・・71
- 7.3 標準化変換 ・・72
- 7.4 正規分布に従う確率変数の存在確率 ・・・・・・・・・・・・・・・・・・・・・・・・・72

第8章 標本と統計量 —— 77

- 8.1 母集団と標本 ・・77
- 8.2 統計量の性質 ・・・78
  - 8.2.1 母平均と母分散　　78
  - 8.2.2 標本統計量と母数との関係　　79
  - コラム　パレート図　　84

第9章 正規母集団 —— 87

- 9.1 正規分布による標準化変換 ・・・・・・・・・・・・・・・・・・・・・・・・・・・・・・・・・87

9.2　正規母集団に基づいた応用例：品質管理 ･････････････････････････89
9.3　正規分布の一次結合 ･･90
　　コラム　モンテカルロ法　　92

第10章　各種の標本分布 ── 95

10.1　χ^2 分布 ･･95
10.2　F 分布 ･･98
10.3　t 分布 ･･･102

第11章　推　定 ── 107

11.1　点推定 ･･･107
11.2　区間推定 ･･･109
　　11.2.1　母平均の推定　　109
　　11.2.2　母分散の推定　　113
　　コラム　エクセルを使った関数の最大値，最小値の求め方　　116

第12章　検定 (1)：統計的仮説，両側・片側検定 ── 119

12.1　検　定 ･･･119
　　12.1.1　統計的仮説　　119
　　12.1.2　検定の手順　　120
　　12.1.3　片側検定と両側検定　　121
12.2　正規母集団における母数の検定 ･･･････････････････････････････123
　　12.2.1　母平均に関する検定　　123
　　12.2.2　母分散に関する検定　　124
　　12.2.3　平均の差の検定　　126
　　12.2.4　母比率の検定　　128

第 13 章　検定 (2)：実際の検定例 ─── 131

13.1　検定のポイント ……………………………………… 131
13.2　平均の差の検定：標本の個数の多い場合 …………… 133
13.3　平均の差の検定：標本の個数の少ない場合 ………… 135
13.4　対応がある標本の平均の検定 ………………………… 140

第 14 章　適合度と独立性の検定 ─── 145

14.1　期待度数と観測度数 …………………………………… 145
14.2　適合度の検定 …………………………………………… 145
14.3　独立性の検定 …………………………………………… 147
　　　コラム　ランダムウォーク　　151

解　　答 ……………………………………………………… 155
参考図書 ……………………………………………………… 175
巻末付録 ……………………………………………………… 177
索　　引 ……………………………………………………… 185

第1章

データの種類と特徴

1.1 統計学で扱うデータについて

統計学ではさまざまな現象を表現するデータを取り扱います。そのデータには数値で表されているものもあれば，血液型などのように数値で表されていないものも多くあります。数値で表されていないデータに関してはその特性に注目し，これに数値を与えることができます（数量化，quantification）。この数量化に応じて性質は異なり，一般的には尺度の観点から次の 4 種類に分類されます。

(1) 名義尺度 (nominal scale)

名義尺度とは同一のカテゴリーに属するものに $0, 1, 2, \cdots$ などの数値を与えるものです。つまり，数値が符号としての意味しかもちません。例えばある学校の 1 組，2 組，$\cdots$ などのようなクラス分けは名義尺度になります。このときの数値は記号というだけでしかなく，数学でいう「2 は 1 の 2 倍」などというような演算は意味をもちません。

(2) 順序尺度 (ordinal scale)

順序尺度は名前の通りで順番が付けられる尺度になります。例えば 100m 走でゴールをした人から $1, 2, 3, \cdots$ などと数値を与える場合，1 は 2 よりも速いなどと意味をもちえます。この尺度の特徴は与えた数値のうちどの組を選んできても必ず順序付けをすることができます。しかし，この尺度では 1 と 2 の差と 2 と 3 の差は同じ 1 ですが，それは意味をもちません。

(3) 間隔尺度 (interval scale)

間隔尺度は順序付けができることに加え，数値間に距離の関係が成り立つ場合です。つまり，数値の差に意味のある尺度になります。例えば，温度は間隔尺度です。20℃から 30℃まで上昇したことと 40℃から 50℃まで上昇したことは同じ 10℃上昇したという意味をもちます。しかし 20℃から 30℃

まで上昇したときに，温度が 50%上昇したなどとは言いません。

(4) 比率尺度 (ratio scale)

比率尺度は間隔尺度に絶対零点をもたせたものです。数値の比をとった場合も意味のある尺度になります。例えば，ある人々の集団の身長は比率尺度になります。また，体重のような比率尺度では 30kg から 45kg に増えたことと 84kg から 105kg に増えるという現象を考えると，前者は体重が 50%上昇，後者は 25%上昇したと理解できるため，その比率にも意味があります。この比率尺度には多くの統計解析手法を適用することができます。

1.2 確率変数

統計学で扱う数量を変数といい，そのほとんどは確率変数とよばれます。実際にはどのような場合でも観測できる値はただ 1 つですが，理論的には広い範囲の値を取ることができるものです。

得られた標本の確率変数の性質を大きく分けると次の 2 種類になります。

- 連続的確率変数 (continuous variable)
- 離散的確率変数 (discrete variable)

連続的確率変数は，身長や体重のように連続的な値を取りうると考えられる変数です。実際の測定では真の値を測定することはできませんが，精密に測定しようとすれば小数点以下の数値が長く続く可能性があります。一方，離散的確率変数は，文字通り飛び飛びの数値をとる変数です。人数を数えたりするときの変数です。人数を 1.5 人などとは言いません。

1.3 度数分布表・ヒストグラム

この節では，実験や調査で得られたデータを整理する方法を学びます。
次の表 1.1 を見てください。

表 1.1 ある集団 40 人の身長データ（一部）

番号	1	2	3	$\cdots$	38	39	40
身長 (cm)	166.0	161.3	170.4	$\cdots$	153.3	147.9	149.3

このデータは，ある同年代の集団 40 人の身長を測定したものの一部です。ここでは，データの数は 40 であり，有限個です。もちろん同年代の人はこの 40 人以外にもいます。統計学においては現在手元にあるデータから，測定していない（未知の）データも含めて母集団と考えて結論を得ることが目的の一つになります。このように今はもっていないデータも考慮する統計学を**推測統計学**といいます。

　それに対して現在手元にあるデータそのものが表す特徴を知る統計学を**記述統計学**といいます。推測統計学を学んだ方がより幅広い結論が得られますので，最終的には推測統計学を理解することになります。そのためには記述統計学の知識が必要となります。

　まず，データを得られたとき，記述統計学としてデータを整理することから始めます。先ほどの身長データからこの集団の特徴を伝える方法は 1 通りには定まりませんが，有効な方法がいくつかあります。その方法として本節では度数分布表とヒストグラムを紹介します。

1.3.1　度数分布表

　度数分布表 (table of frequency distribution) は，データをいくつかの区間に分割し，その各区間にいくつデータが含まれているか度数を数え，それらを表にまとめたものです。下の表 1.2 は，表 1.1 のデータから作成したものです。表 1.1 の身長データを 5cm の区間で分割しています。

表 1.2　ある集団 40 人の身長データの度数分布表

階級	度数	累積度数	相対度数	相対累積度数
150cm 未満	1	1	0.025	0.025
150cm−155cm 未満	6	7	0.150	0.175
155cm−160cm 未満	7	14	0.175	0.350
160cm−165cm 未満	4	18	0.100	0.450
165cm−170cm 未満	10	28	0.250	0.700
170cm−175cm 未満	7	35	0.175	0.875
175cm−180cm 未満	5	40	0.125	1.0
180cm−185cm 未満	0	40	0.0	1.0
185cm−190cm 未満	0	40	0.0	1.0
190cm 以上	0	40	0.0	1.0

度数分布表では，数字がただ並んだデータでは見えづらかった特徴を捉えることができます。例えば 165cm–170cm 未満の区間に人が多い，180cm 以上の人は 1 人もいないなどです。

　表 1.2 内の用語を定義します。まず各区間のことを**階級** (class interval) といいます。階級に属しているデータの個数を**度数** (frequency) といいます。累積度数はその階級以下に属している度数の合計数になります。また，相対度数，相対累積度数はそれぞれ全体を 1 としたときの割合になります。

　表 1.2 の度数分布表では，各階級に属している人数はわかりますが，その人たちが具体的に何 cm なのかという情報はなくなっています。度数分布表では，同一の階級に属している人たちは全員同じ身長であると解釈するのです。ではその身長は何 cm とすればよいでしょうか？例えば，160cm–165cm 未満の階級には 4 人が属していますが，その 4 人の身長は階級のちょうど真ん中の値 $(160 + 165)/2 = 162.5$cm と考えるといちばんずれが小さくなりそうです（もちろんその 4 人の身長がたまたま 164.5cm ということもあり得ますが，それは後ほど推測統計学を学んだときに考えます）。この 162.5cm をその階級の**階級値** (midpoint) とよびます。

　また，表 1.2 の度数分布表の階級の設定では，160cm–165cm 未満の階級の人たちは最大で 5cm の差が生まれる可能性があります。この差のことを一般的に階級の**幅** (width) とよびます。度数分布表の作成ではこの幅をどう決めるかが重要になります。一般的に階級の幅は大きすぎても小さすぎてもよくありません。なぜなら身長の例では例えば 165cm という 3 桁のデータで，5cm という階級の幅が適当であったかもしれませんが，新生児の体重のデータであれば 3500g というように 4 桁になり，その場合，5g という幅で度数分布表を作成すると細かくなりすぎてデータの特徴をうまく捉えられなくなるかもしれないからです。

　ここで幅を決める 1 つの方法を紹介します。まず，データから最大値 (maximum value) と最小値 (minimum value) を探してみましょう。そして最大値から最小値を引いたもの $R = (最大値) - (最小値)$ を**範囲** (range) とよびます。R によって全体のデータがどの範囲に分布しているかがわかります。次にこの範囲から実際にいくつの階級に分けるかを考えます。よく使われるのは，階級の幅を h とし，$h = R/k$ と決める方法です。ただし，k は $10 \sim 20$ の整数です。データ数が多い場合は細かく分け，データ数が少ない場合は大きな幅になるように k を決めることがあります。h は必ずしも整数になるとは限らないのですが，解釈のしやすさからも幅は整数となるようにした方がよいでしょう。

1.3.2 ヒストグラム

度数分布表をグラフにしたものを**ヒストグラム** (histgram) といいます。

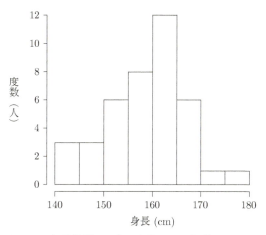

図 1.1　ある集団 40 人の身長のヒストグラム

　図 1.1 は，表 1.2 の度数分布表をヒストグラムにしたものです。ヒストグラムは縦軸に度数を，横軸に階級をとり，度数分布表をそのまま棒グラフにしたもので，データがどのように分布しているかを視覚的に表します。ヒストグラムを見ると，データがどの階級に集中しているのかなどを直感的に捉えることができます。ヒストグラムでは集中している箇所に注目し，高くなっている箇所が 1 箇所のときは単峰型，複数あるときは多峰型とよぶことがあります。また分布左右対称性などもヒストグラムを見るとわかりやすくなります。ヒストグラムはエクセルなどの表計算ソフトを使えば簡単に作成することができます。

1.4　散布図

　統計学で扱うデータには，複数の種類のデータが含まれている場合があります。例えば次の表 1.3 を見てください。これは表 1.1 のある集団 40 人の身長と体重のデータです。
　このデータは 1 つの標本（1 人）に対して 2 種類のデータがあるという特徴をもっ

表1.3 ある集団40人の身長と体重のデータ（一部）

番号	1	2	3	⋯	38	39	40
身長 (cm)	166.0	161.3	170.4	⋯	153.3	147.9	149.3
体重 (kg)	61.7	57.1	61.5	⋯	46.1	40.4	45.3

ています。このようなデータを2次元データといいます。また，例えば大学入試センター試験で，3教科の受験者の得点データは3次元データとよびます。一般的に1つの標本に対して，複数のデータがあるデータを**多次元データ**といいます。多次元データでは，複数のデータ間の関係性を見出したいことが多いです。表1.3の例であれば横軸に身長をとり，縦軸に体重をとり，1人ずつ身長の値と体重の値のぶつかる箇所に点を打ちます。これを40人分繰り返すと図1.2ができます。

この多次元データの特徴を考えてみましょう。多次元データはつまりはベクトル（もしくは行列）です。ですのでこれまで説明した度数分布表やヒストグラムではその特徴を表現しきれないことが多々あります。表1.3の例であれば身長と体重の関係性の強さに興味があります。

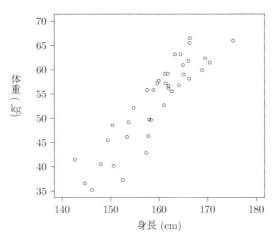

図1.2 ある集団40人の身長と体重に関する散布図

これは**散布図** (scatter plot) とよばれています。身長と体重の関係性について，図1.2では身長が大きくなると体重も大きくなるという関係性が見てとれます。

問題 1.1 下の表は厚生労働省「平成 27 年分毎月勤労統計調査」(http://www.mhlw.go.jp/toukei/itiran/roudou/monthly/27/27r/27r.html) による産業別の月間給与額です。この表を用いて以下の問いに答えなさい。

表 産業別月間現金給与額（単位：万円）

産業	給与額	産業	給与額
鉱業，採石業等	31.6	不動産・物品賃貸業	35.1
建設業	38.0	学術研究等	45.4
製造業	37.6	飲食サービス業等	12.7
電気・ガス業	55.0	生活関連サービス等	20.5
情報通信業	48.4	教育，学習支援業	38.0
運輸業，郵便業	34.1	医療，福祉	29.3
卸売業，小売業	26.8	複合サービス事業	37.6
金融業，保険業	47.2	その他のサービス業	25.9

(1) 度数分布表（度数，累積度数，相対度数，相対累積度数）を作成しなさい。ただし，階級の幅は 10 万円とし，0 万円〜10 万円を最小の階級とします。
(2) (1) の度数に関してヒストグラムを描きなさい。

問題 1.2 下の表は 5 人の学生の英語と数学の得点をまとめたものです。この散布図を描きなさい。ただし，横軸は英語の得点，縦軸は数学の得点とします。

表 5 人の英語と数学の得点

学生番号	1	2	3	4	5
英語（点）	66	61	67	61	62
数学（点）	52	57	51	53	61

第2章

データの代表値，散布度

第1章ではデータの特徴を伝える方法として，度数分布表やヒストグラムを学びました。ヒストグラムや度数分布表は捉え方が主観的になり，データそのものが表している特徴を表現しきれていません。とくに複数の種類のデータを比べたいときにそれぞれのヒストグラムを見ても違いがわかりづらいなどの状況が起こりえます。そこでデータの分布を特徴付ける具体的な数値があると便利です。このようにデータから計算される量を**統計量** (statistics) とよびます。本章では統計量を用いてデータがどのように分布しているかを特徴付けるものとして，分布の中心的位置を表す統計量（代表値）と分布の広がり度合いを表す統計量（散布度）を説明します。

2.1 代表値：中心的位置を表す統計量

データの分布の特徴を捉えるうえで重要とされる指標の一つとして，その中心的位置があります。中心的位置における統計量を代表値といいます。中心と言えば1つに定まりそうですが，データの中心は1つに定まらず，さまざまな指標によってさまざまな中心を考えることができます。ここでは，平均値，中央値，最頻値を紹介します。

2.1.1 平均値

まずは代表値として最も多く使われている平均値（平均）を紹介します。一般に，n 個のデータ（測定値）が得られたとしてそれらの測定値を

$$x_1, x_2, \cdots, x_n$$

と表します。すべての測定値の合計を n で割った値

$$\overline{x} = \frac{1}{n}(x_1 + x_2 + \cdots + x_n) = \frac{1}{n}\sum_{i=1}^{n} x_i \tag{2.1}$$

を**平均値**もしくは**平均** (mean) とよび，一般に $\overline{x}$（エックスバーと読みます）と表します。平均値はデータの分布の中心を表現しています。例えば，ある農場で収穫されたリンゴから無作為に 10 個を取り出し，その重量 (g) を測定したところ，

$$234, 345, 286, 310, 290, 311, 294, 278, 259, 279$$

ようになりました。このとき，平均値 $\overline{x}$ は

$$\overline{x} = \frac{1}{10}(234 + 345 + \cdots + 279) = 288.6 \text{(g)}$$

として求められます。

2.1.2 中央値

中央値（メジアン，median）は，測定値を大きさ順に並べ替えたときに，その中央に位置する測定値であり，一般に $\widetilde{x}$ で表します。測定値の総数 n が奇数の場合は，ちょうど真ん中の測定値があるのでそれが中央値になりますが，偶数個の場合は，中央の測定値 2 つの平均を中央値と定義します。

先ほどのリンゴの例では，まず大きさ順に並べ替えます。

$$345, 311, 310, 294, 290, 286, 279, 278, 259, 234$$

すると，ちょうど真ん中にくるのは 5 番目と 6 番目になりますので，それら 2 つの測定値の平均をとって

$$\widetilde{x} = \frac{290 + 286}{2} = 288 \text{(g)}$$

を中央値とします。ここでは詳しくは触れませんが，中央値は平均値と異なり，外れ値の影響が少ない統計量として知られています。外れ値とは，データの主要部分とかけ離れた値をとっている測定値のことです。外れ値は大きさ順に並べたときに両端のどちらか，あるいは両端に現れます。平均値を求める際は，外れ値も計算に使われますが，中央値を求める際は両端の値（外れ値）は計算に使われないので，中央値に影響を与えづらいということがわかります。

2.1.3 最頻値

最頻値（モード，mode）は，最大の度数をもつ測定値として定義されます。例え

ば，1 から 3 の選択肢で答えるアンケートを 5 人に調査したところ，回答は，

$$1, 2, 2, 3, 2$$

となったとします．このとき，それぞれの度数は

選択肢	1	2	3
度　数	1	3	1

となるので，度数が最大の回答 2 が最頻値となります．ヒストグラムを描いてみると選択肢 2 の箇所の高さが 3 となり，最も高くなります．ヒストグラムの最も高い階級の値を最頻値と捉えることもできます．ただし，多峰型のヒストグラムでは，必ずしも最頻値が中心的位置を表しているとは限りません．

2.2　散布度：分布の広がり度合いを表す統計量

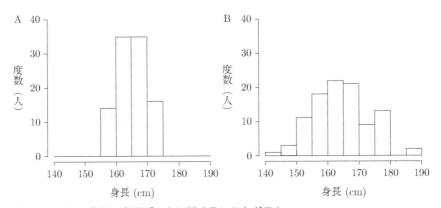

図 2.1　ある 2 集団の身長データに関するヒストグラム

図 2.1 のヒストグラムは，ある 2 つの集団 A と B の身長データの分布を表したものです．集団 A の平均値は 165.24cm であり，集団 B の平均値は 164.50cm です．平均値は近くても，ヒストグラムを見るとわかるように，分布に違いがあると考えられます．これはどのくらいデータがばらついているのかに違いがあるのです．このばらつき具合を散布度といいます．

散布度を表す統計量の一つとして**標本分散**（もしくは分散，sample variance）があります．標本分散は，それぞれの測定値 $x_i (i = 1, 2, \cdots, n)$ が平均値 $\bar{x}$ とどのくらい離れているか，つまり，

$$x_i - \overline{x} \ (i = 1, 2, \cdots, n)$$

に基づいて考えます．この差を偏差とよびます．個々の測定値の平均値からの離れ具合は偏差でわかりますが，データ全体としての平均値からの離れ具合を表現する必要があります．そこでこの偏差の和

$$\sum_{i=1}^{n}(x_i - \overline{x})$$

を考えてみると，すべてのデータがどれくらい平均から離れているかを表現していそうなのですが，これは平均値の定義から常に 0 になってしまうので使えません．そこで個々の偏差を 2 乗してからすべて足します．

$$\sum_{i=1}^{n}(x_i - \overline{x})^2$$

これを偏差平方和とよびます．しかし，偏差平方和にも問題があって，データの数が多くなるほどその値が大きくなってしまいます．そこでデータの個数 n に依存しないようにするために偏差平方和の平均

$$S^2 = \frac{1}{n}\sum_{i=1}^{n}(x_i - \overline{x})^2 \tag{2.2}$$

を標本分散とします．標本分散は 1 つの測定値が平均してどの程度平均値から離れているかを表現しているので，ばらつきが大きいデータであれば標本分散の値も大きくなります．

また，偏差平方和をデータの個数 n でなく $n-1$ で割った

$$U^2 = \frac{1}{n-1}\sum_{i=1}^{n}(x_i - \overline{x})^2 \tag{2.3}$$

は**不偏標本分散** (unbiased sample variance) とよばれます．こちらを通常の標本分散と定義する教科書もあるので注意してください．

先ほどのリンゴの例で分散を求めてみましょう．(2.1) より，平均値が 288.6g でしたから，まず偏差平方和は

$$(234 - 288.6)^2 + (345 - 288.6)^2 + \cdots + (279 - 288.6)^2 = 8240.4$$

と計算できます．よって標本分散は

$$S^2 = \frac{8240.4}{10} = 824.04 \tag{2.4}$$

となります．ここで注意すべきは標本分散の単位はもとのデータの 2 乗になってい

るということです.つまり式 (2.4) の単位は「g^2」になります.そこで標本分散の正の平方根をとれば単位はもとのデータの単位と同じになり,意味をつかみやすくなります.それを

$$S = \sqrt{S^2} = \sqrt{\frac{1}{n}\sum_{i=1}^{n}(x_i - \overline{x})^2} \tag{2.5}$$

として表し,これを**標本標準偏差** (sample standard diviation) とよびます.これも標本分散と同様に,散布度を表す統計量として統計学でよく使われます.

2.3 2次元データの特徴を表す統計量

本節では,2次元データの特徴を表す統計量について述べます.表 1.3 の身長と体重のデータを再び使いながら説明していきます.

図 2.2 から身長と体重に何らかの関係性を見出したいとします.この例では,全

表 2.1 ある集団 40 人の身長と体重のデータ(表 1.3 の再掲)

番号	1	2	3	...	38	39	40
身長 (cm)	166.0	161.3	170.4	...	153.3	147.9	149.3
体重 (kg)	61.7	57.1	61.5	...	46.1	40.4	45.3

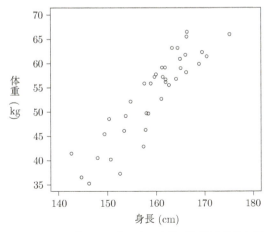

図 2.2 ある集団 40 人の身長と体重に関する散布図
(図 1.2 の再掲)

体的にデータが右上がりの傾向にあることが見受けられます。これは身長が高い人ほど体重も大きくなるということを意味しています。このように，片方の変数が大きくなるにつれてもう一方の変数も直線的に大きくなる関係を正の相関があるといいます。逆に図 2.3 (A) のように片方の変数が大きくなるともう一方の変数が直線的に小さくなるときは負の相関があるといいます。そして図 2.3 (B) のように正の相関も負の相関もないときは無相関であるといいます。ただし，ここでいう相関とは統計学の用語であり，一般には直線関係があるときにだけ使われます。つまり，2次関数などの曲線の関係性があるデータではその関係性を相関では捉えきれないことになります。

図 2.4 は正の相関の例ですが，(A) と (B) を見比べてみると少し違いがあること

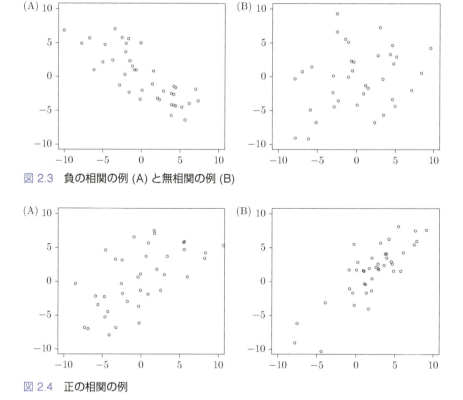

図 2.3　負の相関の例 (A) と無相関の例 (B)

図 2.4　正の相関の例

に気がつきます．(B) のグラフの方が (A) のグラフよりもデータが一部分に集中しているように見えます．つまり，(B) の方が (A) よりもデータの相関が強いということになります．このことは，相関の強さを表す統計量を求めることによって明確に表すことができます．

ある 2 次元データで，片方の変数を x, もう一方の変数を y とし，n 個の観測値 $(x_1, x_2, \cdots, x_n$ と $y_1, y_2, \cdots, y_n$ と表します) が得られたとします．このとき，標本分散 S^2 の式 (2.2) で 2 乗した部分の一つを変数 y に置き換えたものを考えると，

$$S_{xy} = \frac{1}{n} \sum_{i=1}^{n} (x_i - \overline{x})(y_i - \overline{y}) \tag{2.6}$$

これが**標本共分散** (sample covariance) とよばれる統計量になります．この標本共分散の値は測定単位に依存し，大きくなったり小さくなったりするのが問題です．例えば身長と体重の共分散を求めるとき，身長を cm で表現したときと m で表現したときでは cm で表現したときに標本共分散の値は大きくなってしまいます．そこで測定単位に依存しないようにするため，式 (2.6) の標本共分散を式 (2.5) で定義した標本標準偏差で割ります．

$$r = \frac{S_{xy}}{S_x S_y} \tag{2.7}$$

これが**標本相関係数** (sample correlation coefficient) とよばれ，相関の強さを表す指標になります．ただし，式 (2.7) 中の S_x は x の標準偏差であり，S_y は y の標準偏差です．

$$S_x = \sqrt{\frac{1}{n} \sum_{i=1}^{n} (x_i - \overline{x})^2}$$

$$S_y = \sqrt{\frac{1}{n} \sum_{i=1}^{n} (y_i - \overline{y})^2}$$

図 2.4 の相関係数を計算すると (A) の相関係数は 0.779，(B) は 0.946 となります．散布図で見たときに (A) よりも (B) の方が関係性が強い印象を受けますが，標本相関係数も (B) の方が大きくなります．

表 1.3 の身長 (x) と体重 (y) のデータを用いて標本相関係数の計算方法を説明します．身長の平均値が 158.9cm，体重の平均値が 52.9kg ですから，式 (2.2) より標本分散を計算すると，

$$S_x^2 = \frac{1}{40}\{(166.0 - 158.9)^2 + (161.3 - 158.9)^2 + \cdots + (149.3 - 158.9)^2\}$$
$$= 61.8$$
$$S_y^2 = \frac{1}{40}\{(61.7 - 52.9)^2 + (57.1 - 52.9)^2 + \cdots + (45.3 - 52.9)^2\} = 87.8$$

となります。したがって，それぞれの標本標準偏差は $S_x = \sqrt{61.8} = 7.86$，$S_y = \sqrt{87.8} = 9.35$ と求められます。同様に式 (2.6) より，標本共分散を計算すると，

$$S_{xy} = \frac{1}{40}\{(166.0 - 158.9)(61.7 - 52.9) + (161.3 - 158.9)(57.1 - 52.9) +$$
$$\cdots + (149.3 - 160.1)(45.3 - 52.9)\} = 67.1$$

となります。したがって，標本相関係数は

$$r = \frac{S_{xy}}{S_x S_y} = \frac{67.1}{7.86 \times 9.35} = 0.913$$

として計算できます。

どのようなデータであっても標本相関係数は必ず

$$-1 \leq r \leq 1$$

の間の値になります。図 2.3 (A) は負の相関がある例ですが，実際に標本相関係数を計算すると -0.805 になります。つまり，相関と標本相関係数の関係をまとめると

- 正の相関がある　⇔　標本相関係数 r が正になる
- 負の相関がある　⇔　標本相関係数 r が負になる

となり，標本相関係数の符号がそのまま正負の相関と一致します。また，正の相関であれば 1 に近い値を取るときほど相関が強く，負の相関であれば -1 に近い値を取るときほど相関が強くなります。図 2.3 (B) は無相関の例ですが，実際に標本相関係数を計算すると 0.115 となり，無相関の場合は 0 に近い値をとることがわかります。一般に相関係数の値が -0.2 から 0.2 の間にあるときに無相関と判断することが多いです。しかし，無相関であっても関係性がないとまでは言い切れません。散布図なども用いてデータの関係を判断する必要があります。また，相関係数の値は単に直線関係の強さを表しているに過ぎませんので，値が高いからといっても，身長が体重に影響を与えたということまでを主張することはできません。実際は 2 つの変数間にまったく相関がないのに高い相関係数を示すというような，見かけの相関が生じている場合もあります。

例題 2.1

5 つの標本について次のような 2 次元データが得られているとします。この標本相関係数を求めなさい。

表 2 次元データ

番号	1	2	3	4	5
x_i	1	3	5	3	2
y_i	2	4	5	1	4

解答

標本相関係数を求めるためには次のような表を作成するとよいでしょう。

表 標本相関係数計算のための表

x_i	1	3	5	3	2
y_i	2	4	5	1	4
$x_i - \overline{x}$	-1.8	0.2	2.2	0.2	-0.8
$y_i - \overline{y}$	-1.2	0.8	1.8	-2.2	0.8
$(x_i - \overline{x})^2$	3.24	0.04	4.84	0.04	0.64
$(y_i - \overline{y})^2$	1.44	0.64	3.24	4.84	0.64
$(x_i - \overline{x})(y_i - \overline{y})$	2.16	0.16	3.96	-0.44	-0.64

表をつくる前に，平均値を計算します。平均値は $\overline{x} = 2.8$, $\overline{y} = 3.2$ となります。平均値を用いて表を完成させます。この表から，標本分散は，

$$S_x^2 = \frac{1}{5}\sum_{i=1}^{5}(x_i - \overline{x})^2$$

$$= \frac{1}{5}(3.24 + 0.04 + 4.84 + 0.04 + 0.64) = 1.76$$

と計算できます。S_y^2, S_{xy} も同様に計算すると，

$$S_y^2 = 2.16, \qquad S_{xy} = 1.04$$

となります。よって標本相関係数は

$$r = \frac{S_{xy}}{\sqrt{S_x^2}\sqrt{S_y^2}} = \frac{1.04}{\sqrt{1.76}\sqrt{2.16}} = 0.533$$

となります。

問題 2.1 下の 6 つの数値は，警察庁交通事故統計 (https://www.npa.go.jp/toukei/koutuu48/toukei.htm) における平成 27 年度下半期の月別交通事故死亡者数です。

$$333, 340, 339, 391, 379, 443$$

以下の問いに答えなさい。

(1) 平均値を求めなさい。
(2) 中央値を求めなさい。
(3) 式 (2.2) を使って標本分散 S^2 を求めなさい。
(4) 標本標準偏差を求めなさい。

問題 2.2 下のデータは 1 から 4 の選択肢で答えるアンケートを 10 人に調査した結果です。以下の問いに答えなさい。

$$1, 3, 3, 4, 3, 2, 2, 3, 3, 1$$

(1) 平均値を求めなさい。
(2) 中央値を求めさない。
(3) 最頻値を求めなさい。
(4) 式 (2.3) を使って不偏標本分散 U^2 を求めなさい。

第 3 章

統計学のための基礎知識

実験や調査で得られたデータを統計学的に判断するときは確率に基づいて行われます。その確率を正しく理解するためには，集合や順列，組合せについて知っておくことが重要です。したがって，この章では（すでに高校で学習したかもしれませんが）集合や順列，組合せについて説明します。

3.1 集合

3.1.1 集合と要素

ある条件を満たす集団を集合 (set) とよび，その集合を構成しているものを**要素** (element) とよびます。例えばネコを集合と考えたとき，「となりの家で飼っているネコ」は要素です。要素の数が有限の集合を**有限集合**といいます。例えば，サイコロの偶数の目の集合を A とすると，その要素は 2, 4, 6 です。それを数学的には次のように表します。

$$A = \{2, 4, 6\}$$

この集合は，以下のようにも書くことができます。

$$A = \{x | x \text{ はサイコロの偶数の目}\}$$

この式の右辺はバーで分けられ，バーの左側の要素 x についてその特性を右側で説明しています。

一方，要素の数が無限である集合を**無限集合**といいます。例えば，正の偶数全体を集合 B と考えると，集合 B は次の 2 通りに表すことができます。

$$B = \{2, 4, 6, 8, \ldots\}$$

$$B = \{y | y \text{ は正の偶数}\}$$

集合 B は要素の数が無限であるので，無限集合です．

2つの集合 A と B をみると，A の要素はすべて B に属するので，A は B の**部分集合** (subset) であるといいます．これを数学記号では次のように表します．

$$A \subseteq B$$

さらに，この例のように A と B とが等しくない場合，A は B の真部分集合であるといい，次のように表します．

$$A \subset B$$

複数の集合の関係は図 3.1 のように表すとわかりやすく，これを**ベン図** (Venn diagram) とよびます．

2つの集合 C と D を考えたとき，図 3.1(a) の左の図のように，そのどちらにも属する要素がある場合，それらの要素がつくる集合を**共通部分** (intersection) とよび，次のように表します．

$$C \cap D$$

これを「C かつ D」あるいは「C キャップ D」とよびます．また，図 3.1(a) の右の図のように，C または D のいずれかに属する要素をつくる集合を次のように表します．

$$C \cup D$$

これは「C または D」あるいは「C カップ D」とよびます．図 3.1(b) は集合 C と D に共通部分がない場合です．

ある集合 U を考えるとき，その集合 U 全体を**全体集合** (universe) といいます．図 3.1(c) に示すように，集合 U の中に部分集合 A があるとき，集合 U の中で A に属さない要素のつくる集合を**補集合** (complementary set) とよび，A_c と表します．

また，要素をまったくもたない集合を定義しなければならない場合もあります．このような集合を空集合 (null set) といい，ϕ と表します．

(a) 集合 C と D とが共通部分をもつ場合

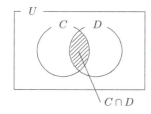
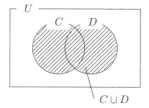

(b) 集合 C と D とが共通部分をもたない場合

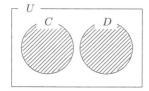

(c) 全体集合 U と A の補集合 A_c

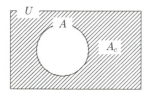

図 3.1　ベン図

3.1.2　要素の数

ある有限集合 A の要素の数を $n(A)$ とすると，3.1.1 項で紹介したサイコロの例では，要素は偶数の目ですから $n(A) = 3$ です。また，空集合 ϕ は要素をもたないので，$n(\phi) = 0$ となります。

2 つの有限集合 C と D の要素の数について，次の関係が成り立ちます。

$$n(C \cup D) = n(C) + n(D) - n(C \cap D) \tag{3.1}$$

図 3.1(a) と (b) について式 (3.1) をあてはめて考えていきましょう。まず，図 3.1(a) のように集合 C と D が共通部分をもつ場合は $n(C)$ と $n(D)$ を合計すると，共

通部分 $n(C \cap D)$ が 2 度数えられているので，式 (3.1) に示すように，この部分を引く必要があります．図 3.1(b) では，共通部分は空集合ですから $n(C \cap D) = 0$ となり，式 (3.1) について，$n(C \cup D)$ は単に両者の $n(C)$ と $n(D)$ を合計すればよいわけです．また，図 3.1(c) では全体集合 U と集合 A，補集合 A_c の各要素数の間に次の式が成り立ちます．

$$n(U) = n(A) + n(A_c) \tag{3.2}$$

例題 3.1

U を全体集合，A と B を部分集合とし，$n(U) = 80, n(B_c) = 40, n(A_c \cap B) = 10, n(A \cup B) = 50$ とします．このとき，$n(A), n(B), n(A \cap B)$ を求めなさい．

解答

ベン図と式 (3.1) を使って解きます．

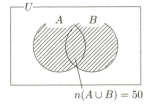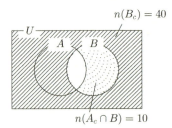

$$n(A) = n(A \cup B) - n(A_c \cap B) = 50 - 10 = 40$$
$$n(B) = n(U) - n(B_c) = 80 - 40 = 40$$

式 (3.1) を変形することにより $n(A \cap B) = n(A) + n(B) - n(A \cup B)$ ですから，$n(A \cap B) = 40 + 40 - 50 = 30$ となります．

> **例題 3.2**
>
> 2桁の自然数のなかで，3でも5でも割り切れないものはいくつありますか。
>
> **解答**
>
> 　2桁の自然数は $10, 11, \ldots, 99$ の 90 個あります。そのなかで，3の倍数は $12, 15, \ldots, 99$ の 30 個あります。5の倍数は $10, 15, \ldots, 95$ の 18 個あります。15 の倍数は $15, 30, \ldots, 90$ の 6 個あります。これより，3 あるいは 5 で割り切れる数は式 (3.1) を使って $30 + 18 - 6 = 42$ 個と計算できます。したがって，割り切れない数は $90 - 42 = 48$ となります。

3.2　順列と組合せ

3.2.1　順列

順列 (Permutation) とは，多数の異なったものからなる集団から決められた数のものを任意に取り出し，それらを取り出した順番に並べた場合の数です。例えば，トランプカード 52 枚から 3 枚を任意に取り出し，それを順番に並べる場合の数になります。したがって，取り出した 3 枚のカードが同じでも，順序が「スペードの 3」→「クラブの 5」→「ダイヤの 12」という場合と「クラブの 5」→「ダイヤの 12」→「スペードの 3」という場合は異なることになります。

　このように n 個の異なるものから任意に r 個取って 1 列に並べるときの並べ方を順列とよびます。ただし $r \leq n$ です。この場合，並べる順番を考慮します。この並べ方で最初の 1 個は n 個の選び方があり，2 個目は最初の 1 個で選んだもの以外の $n-1$ 個の選び方があります。3 個目以降も同様に選び方を考えることができます。最初の 1 個は $n-0$ 個の選び方があると考えられるので，最後の r 個目の選び方は $n-(r-1)$ 個となります。このときの順列の数は $_nP_r$ と表され，$_nP_r$ はこれら r 個の選び方の積となります。ここで n は集団の全個数，r は取り出す個数，P は順列の数を示します。したがって，$_nP_r$ は次の式 (3.3) のように表されます。

$$_nP_r = n(n-1)(n-2)\cdots\{n-(r-1)\} \tag{3.3}$$

順列の数　$_nP_r$ は次の式 (3.4) のように表すこともできます。

$$_nP_r = n(n-1)(n-2)\cdots\{n-(r-1)\} = \frac{n!}{(n-r)!} \qquad (3.4)$$

ここで，「!」は階乗を表します。階乗は下のような連続した自然数の積です。
$$n! = n(n-1)(n-2)(n-3)\cdots 3\cdot 2\cdot 1 \qquad (3.5)$$
ただし，0 の階乗 0! は 1 とします。

> **例題 3.3**
>
> 10 人の学生から 4 人を選び，1 列に並べるときの並べ方は何通りありますか。
>
> **解答**
>
> 並べ方は $_{10}P_4$ 通りあります。式 (3.4) を用いて計算すると，次のように 5040 通りとなります。
> $$_{10}P_4 = \frac{10!}{(10-4)!} = \frac{10!}{6!} = 10\times 9\times 8\times 7 = 5040$$

n 個の異なるものから，同じものを繰り返し取り出すことを許して r 個取って，1 列に並べるときの並べ方は**重複順列**とよばれます。その数は毎回取り出すとき n 通りあり，それが r 個あるので n^r 個です。例えば 1, 2, 3 の 3 個の数字を用いて 5 桁の自然数をつくることを考えてみましょう。11111, 11112, 11113, $\cdots$ があり，その数は $3^5 = 243$ 個です。

3.2.2 組合せ

組合せ (Combination) とは多数のものからなる集団から決められた数のものを任意に取り出す場合の数です。順列と違って，取り出したものの順序を考えることはしません。例えば，順列で説明したカードの例では，取り出した 3 枚が「スペードの 3」「クラブの 5」「ダイヤの 12」である場合，この 3 枚の取り出した順番を考えません。

n 個の異なるものから任意に r 個取るときの組合せの数は $_nC_r$ と表し，$_nC_r$ は次の式で表されます。

$$_nC_r = \frac{_nP_r}{r!} = \frac{n!}{(n-r)!r!} \tag{3.6}$$

すなわち r 個取り出したものの並べ方は $r!$ 通りの並べ方があるので，$_nP_r$ を $r!$ で割った値が $_nC_r$ となります．

また，n 個の異なるものから任意に r 個取るときの取り方は，n 個から残りの $n-r$ 個を残すことと同じなので，次の式が成り立ちます．

$$_nC_r = \ _nC_{n-r} \tag{3.7}$$

例題 3.4

10 人の学生から任意にアルバイト学生を 4 人選ぶとき，その選び方は何通りありますか．

解答

選び方は $_{10}C_4$ 通りあります．式 (3.6) を用いて計算すると，

$$_{10}C_4 = \frac{_{10}P_4}{4!} = \frac{10!}{6! \times 4!} = \frac{10 \times 9 \times 8 \times 7}{4 \times 3 \times 2 \times 1} = 10 \times 3 \times 7 = 210$$

210 通りとなります．

n 個の異なるものから同じものを繰り返し取ることを許して r 個取るときの組合せは**重複組合せ**とよばれます．その数は $_nH_r$ と表し，次の式で表されます．この場合，$n < r$ でもかまいません．

$$_nH_r = \ _{n+r-1}C_r = \frac{n(n+1)(n+2)\cdots(n+r-1)}{r!} \tag{3.8}$$

例として，数多くある紅白 2 種類のまんじゅうから 4 個取るとき，その取り方は (紅, 紅, 白, 白)，(紅, 紅, 紅, 白)，$\cdots$ があります．その総数は，$_2H_4 = \ _5C_4 = \ _5C_1 = 5$ 通りあります．

問題 3.1 全体集合 U のなかに 2 つの部分集合 A と B を考えます．$n(U) = 80, n(B_c) = 50, n(A_c \cap B) = 30, n(A \cup B) = 70$ とします．このとき，

$n(A), n(B), n(A \cap B)$ を求めなさい。

問題 3.2 A と B の 2 個のサイコロを振って出た目の和が偶数となる場合は，何通りありますか。

問題 3.3 2 個のサイコロを振って出た目の和が偶数となる場合は，何通りありますか。ここで，2 つのサイコロは区別しません。

問題 3.4 トランプの 13 枚のダイヤのカードから任意に 4 枚取って 1 列に並べるとき，その並べ方は何通りありますか。

問題 3.5 $_nP_r = {}_{n-1}P_r + r \cdot {}_{n-1}P_{r-1}$ が成り立つことを示しなさい。すなわち，右辺を変形して左辺に等しくなることを示しなさい。

問題 3.6 細胞中のデオキシリボ核酸 (DNA) において，4 種類の塩基が 3 個連続配列（トリプレット）して 1 つのアミノ酸を指定していることが知られています。全アミノ酸の種類を 20 種類としたとき，もし塩基の種類が 2 種類であった場合，全アミノ酸を指定するために最少いくつの塩基配列が必要だと考えられますか。もし塩基が 6 種類の場合は最少いくつの塩基配列が必要ですか。

問題 3.7 10 人の学生から任意にアルバイト学生を 8 人選ぶとき，その組合せの数はいくつありますか。

問題 3.8 $_nC_r = {}_{n-1}C_r + {}_{n-1}C_{r-1}$ が成り立つことを示しなさい。すなわち，右辺を変形して左辺に等しくなることを示しなさい。

確 率

私たちの周りに起こる現象のなかには，ある程度の予測ができるものがあります。その予測に確率が関係してきます。例えば，明日自分が住んでいる町に雨が降るかどうかは，降水確率としてインターネット上で公開されています。統計学でも確率は非常に大きく関係します。例えば，実験や調査で調べた2つのグループの平均に差があるかどうかを統計学的に判定する基準は，確率に基づきます。そこで本章では確率について説明します。

4.1 確率の定義

実験や調査においてデータをとる行為を**試行** (trial) といい，その試行の結果として起きる現象を**事象** (event) とよびます。試行によって起こりうるすべての事象を**根元事象** (elementary event) といいます。また，すべての根元事象の集合を**標本空間** (sample space) とよびます。

例えば，サイコロを1回投げてその出た目を調べる試行では，根元事象は $1, 2, 3, 4, 5, 6$ ですから，標本空間は $\{1, 2, 3, 4, 5, 6\}$ です。このとき，標本空間の大きさは6です。さらに，奇数の目が出るという根元事象は $1, 3, 5$ です。

ある事象の起こる確からしさを**確率** (probability) とよびます。確率には**数学的確率** (mathematical probability) と**統計的確率（経験的確率）** (statistical probability, empirical probablity) があります。

数学的確率では，標本空間のなかでどの根元事象も同程度に起こると考えます。標本空間の大きさを n とするとき，事象 E が起こる場合の数が r であれば，E の起こる数学的確率 $P(E)$ は r/n と定義します。例えば，サイコロを1回投げたとき奇数の

目が出るという事象 E が起こる確率は数学的確率です。その値は前述のように標本空間の大きさ $n = 6$,奇数の目が出る事象の数 $r = 3$ ですから,$P(E) = 3/6 = 1/2$ となります。

　事象,根元事象およびその起こる確率(ここでは数学的確率)をサイコロを例として詳しく説明しましょう。AとBの2つの異なるサイコロを振って出た目を足し合わせたとき,その和が 3, 4, 6 となるという3つの事象を考えてみます。それらの根元事象と起こる確率は,表 4.1 のように表すことができます。ここで,表中の根元事象 (A, B) はそれぞれ A と B のサイコロの出た目を示します。各確率の分母(標本空間)はサイコロ A で 6 通り,B でも 6 通りあるため,36 通りとなります。したがって,例えば目の和が 3 の事象が起こる確率は,根元事象の数が 2 であるため 2/36 となります。この例では,事象(出た目の和)は 2 から 12 までの 11 個あります。

表4.1　AとBの2つのサイコロを振ったときの事象の例

事象	根元事象 (A, B)	確率
目の和が 3	$(1, 2), (2, 1)$	$\dfrac{2}{36}$
目の和が 4	$(1, 3), (2, 2), (3, 1)$	$\dfrac{3}{36}$
目の和が 6	$(1, 5), (2, 4), (3, 3), (4, 2), (5, 1)$	$\dfrac{5}{36}$

　一方,統計的確率では事象 E が実際の n 回の試行で r 回起こったとします。この試行回数 n を非常に大きくしたとき,比率 r/n がある値(例えば p)に近づけば,E の起こる統計的確率 $P(E)$ は,式 (4.1) のように定義されます。

$$P(E) = p = \lim_{n \to \infty} \frac{r}{n} \tag{4.1}$$

　試行を無限の回数行うことは,実際には不可能です。しかし,後述する大数の法則により,試行回数が十分多ければこの値 p を統計的確率として問題ありません。例えば,農園 A から出荷したリンゴ 393 個のうち,不良品が 29 個であったとします。393 個という個数は十分大きいと考えれば,農園 A の出荷するあるリンゴ 1 個が不良品である統計的確率は $29/393 = 0.07379\cdots$ から,約 7.4% と考えられます。

　数学的確率と統計的確率の両方について一般に次の関係が認められます。すなわ

ち，n 個の根元事象 $O_1, O_2, \ldots, O_n$ において，事象 O_i の起こる確率を $P(O_i)$ と表すと，次の関係が成り立ちます。ただし，$i = 1, 2, 3, \ldots, n$。

(1) 各根元事象の起こる確率は 0 以上 1 以下です。

$$0 \leq P(O_i) \leq 1 \tag{4.2}$$

(2) 各根元事象の起こる確率の総和は 1 です。

$$\sum_{i=1}^{n} P(O_i) = 1 \tag{4.3}$$

4.2 確率の性質

第 3 章で説明した集合とその要素の関係は，事象とその起こる確率についても同じように考えることができます。すなわち，すべての根元事象からなる標本空間 S に対して，ある事象 E は部分集合となります。S のなかで E 以外の事象を**余事象**とよびます。また，2 つの事象 A と B に対して，A または B が起こる事象は**和事象**とよび $A \cup B$ と表します。A と B が同時に起こる事象は**積事象**とよび，$A \cap B$ と書きます。また，事象 A と B が同時に起こらない（共通な根元事象をもたない）とき，A と B は互いに**排反**であるといいます。

事象 A と B の起こる確率をそれぞれ $P(A)$ と $P(B)$ としたとき，一般に 2 つの事象 A と B について次の加法定理の式 (4.4) が成り立ちます。

$$P(A \cup B) = P(A) + P(B) - P(A \cap B) \tag{4.4}$$

図 4.1 (a) と (b) に事象 A と B の関係を示しました。図 4.1 (a) のように積事象がある場合は，式 (4.4) がそのまま成り立ちます。

図 4.1 (b) のように互いに排反な事象の場合は積事象がないので，$P(A \cap B) = 0$ となり，式 (4.4) は，

$$P(A \cup B) = P(A) + P(B) \tag{4.5}$$

となります。

余事象に関しては，図 4.1 (c) に示すように，事象 A の余事象の起こる確率は $1 - P(A)$ となります。

(a) 積事象がある場合

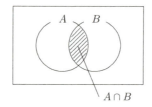

(b) 互いに排反な事象の場合

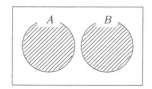

(c) 余事象

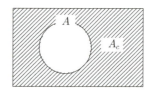

図 4.1　事象 A と B の関係

> ### 例題 4.1
>
> 大小 2 つのサイコロを振ったとき，大きいサイコロが 1 となる事象を事象 E，小さいサイコロが 1 となる事象を事象 F とします。このとき，$P(E \cup F)$ を求めなさい。
>
> **解答**
>
> $P(E) = P(F) = 1/6, P(E \cap F) = 1/36$ より，式 (4.4) を用いると，

$P(E \cup F) = 1/6 + 1/6 - 1/36 = 11/36$ と計算されます。

例題 4.2

AとBの2つのサイコロを投げて，1のゾロ目 (同じ数の目) が出ない事象を事象 E と定義するとき，事象 E の起こる確率 $P(E)$ を求めなさい。

解答

事象 E の余事象である「1のゾロ目が出る，すなわちAとBのサイコロの両方で1の目が出る」を考えます。その起こる確率は $1/6 \times 1/6 = (1/6)^2$ です。したがって，
$$P(E) = 1 - \left(\frac{1}{6}\right)^2 = \frac{35}{36}$$
となります。

例題 4.3

ある国で1955年に死亡した129,943人の死因は，糖尿病が4211人，結核が3624人でした。

(1) 1956年の最初の死者の死因が，結核である確率を求めなさい。
(2) 1956年の最初の死者の死因が，糖尿病か結核である確率を求めなさい。ただし，両方の病気が死因で死ぬ者はいないとします。

解答

死者の人数129943人は十分大きな数なので，統計的確率を求めます。

(1) $3624/129943$ より，0.032 となります。
(2) $(3624 + 4211)/129943$ より，0.060 となります。

例題 4.4

3つの選択肢のうち1つが正解の択一問題が4問あります。まったくでたらめに答えたとき，少なくとも1問は正解となる確率を求めなさい。

解答

余事象を考えた方がわかりやすいので，余事象の起こる確率を考えます。この場合の余事象は「4問すべて誤答である」事象です。正解する確率は $1/3$ なので，誤答を選ぶ確率は $2/3$ であり，余事象が起こる確率は $(2/3)^4$ です。したがって，全体の確率 1 から余事象の確率を引くことにより，$1 - (2/3)^4 = 65/81$ が求める確率となります。

4.3 ハーディー・ワインベルグの法則

集団遺伝学の法則の一つに，**ハーディー・ワインベルグの法則** (Hardy-Weinberg principle) があります。これは「ある生物の集団内に**対立遺伝子** F と f があり，その集団のなかで F 遺伝子の比率を s，f 遺伝子の比率を t と仮定する。ただし $s + t = 1$ である。このとき次世代の個体の遺伝子型が FF，Ff，ff となる確率は $(s+t)^2 = s^2 + 2st + t^2$ より，それぞれ s^2，$2st$，t^2 となる」という法則です。詳細は巻末の参考図書などを参考にしてください。この法則を使って次の例題を解きましょう。

例題 4.5

ヒトのある疾病の対立遺伝子を A および a とします。遺伝子型 AA，Aa，aa のうち，aa の人だけにこの疾病が現れます。ある都市の住民 6,600 人について調査した結果，この疾病に罹患している人は 264 人でした。ハーディー・ワインベルグの法則が成り立つとして，

(1) この都市における遺伝子 a の比率を求めなさい。
(2) 遺伝子型が Aa の人数を求めなさい。

解答

(1) この都市の住民における遺伝子 A の比率を p，遺伝子 a の比率を q とします．ここで $p+q=1$ です．ハーディー・ワインベルグの法則が成り立つとすると，

$$(p+q)^2 = p^2 + 2pq + q^2$$

より遺伝子型 AA，Aa，aa の出現比率はそれぞれ p^2，$2pq$，q^2 です．一方，この疾病に罹患している人の割合は $264/6600 = 0.04$ で，これが q^2 に相当しますから，$q = 0.2$ となります．

(2) $q = 0.2$ から $p = 0.8$ と求められます．したがって，遺伝子型が Aa の人数は，

$$2 \times 0.8 \times 0.2 \times 6600 = 2112 (人)$$

となります．

4.4 条件つき確率

事象 A の起こる条件のもとで事象 B の起こる確率を**条件つき確率** (conditional probability) とよび，$P(B|A)$ と表します．カッコ内のバーの右側に条件を記し，左側に対象とする事象を記します．例えば，クラスのなかのある生徒が，ツベルクリン反応陽性の女子生徒である確率を考えてみましょう．ツベルクリン反応陽性であることを事象 A とし，女子生徒であることを事象 B とします．クラスでツベルクリン反応が陽性の学生である（事象 A）という条件を先に考えた場合，陽性者全体中の女子（事象 B）である確率が，条件つき確率 $P(B|A)$ になります．逆に，このクラスで女子生徒であるという条件（事象 B）を先に考えることもできます．その場合は，女子学生全体中の陽性者の確率が，条件つき確率 $P(A|B)$ になります．

条件つき確率 $P(B|A)$ は，次の式で定義されます．

$$P(B|A) = \frac{P(A \cap B)}{P(A)} \tag{4.6}$$

$P(B|A)$ は事象 A の起きる確率の一部であり，図 4.1 (a) では事象 A の中の斜線の部分の割合に相当します．一方，この斜線部分は事象 B にも属するので，事象 B の起きる条件下で事象 A の起きる確率 $P(A|B)$ は，次のように定義されます．

$$P(A|B) = \frac{P(A \cap B)}{P(B)} \tag{4.7}$$

両式より，$P(A \cap B)$ は次のように表すことができます．

$$P(A \cap B) = P(B)P(A|B) = P(A)P(B|A) \tag{4.8}$$

これを（条件つき確率に関する）**乗法の定理**といいます．

事象 B が起きる確率に対して事象 A が何の影響も与えないこともあります．例えば，2 つのコインを別々にトスするとき，一方の表／裏の結果は他方の結果に影響しません．この場合は，事象 A と事象 B とは<u>独立</u>であるといい，次の式 (4.9) が成り立ちます．

$$P(A|B) = P(A) \tag{4.9}$$

事象 A と B が互いに独立である場合は，$P(A|B) = P(A)$ また $P(B|A) = P(B)$ ですから，上式 (4.8) は単に，

$$P(A \cap B) = P(A)P(B) \tag{4.10}$$

となります．また，この式が成り立っていれば事象 A と B が互いに独立であるといえます．

例題 4.6

A と B の 2 つのサイコロを振ったとき，出た目の和が 3 となる事象を事象 E とします．A のサイコロが 1 となる事象を事象 F とするとき，確率 $P(E|F)$ を求めなさい．

解答

A のサイコロの目が 1 であって，目の和が 3 となる根元事象 (A, B) は $(1, 2)$ の 1 組しかありません．したがって $P(E \cap F) = (1/6)^2 = 1/36$ です．一方，$P(F) = 1/6$ より式 (4.6) を用いて $P(E|F) = (1/36)/(1/6) = 1/6$ となります．

例題 4.7

ヒトのある疾病の対立遺伝子を A および a とし，遺伝子型が aa の場合のみその疾病が現れるとします。ある両親の遺伝子型はともに Aa で，両親にはその疾患が現れず，生まれた子にもその疾患が現れなかったとします。このとき，その子の遺伝子型が Aa である確率を求めなさい。ただし，A と a の比率はともに 0.5 とします。

解答

疾患が現れない事象を事象 M，遺伝子型が Aa である事象を事象 N とします。求める確率は $P(N|M)$ ですから，式 (4.6) より次の式が成り立ちます。
$$P(N|M) = \frac{P(M \cap N)}{P(M)}$$
一方，この両親から生まれる子の遺伝子型は AA, Aa, Aa, aa の 4 つの可能性があります。しかし，子には疾患が現れないことから，Aa あるいは AA と推定できます。したがって，$P(M \cap N) = 2/4$，$P(M) = 3/4$ ですから，$P(N|M) = (2/4)/(3/4) = 2/3$ となります。

例題 4.8

10 本中 3 本の当たりのあるくじがあります。最初にくじを引いた人が当たる事象を事象 A，2 番目に引いた人が当たる事象を事象 B とします。事象 A および事象 B の起こる確率 $P(A)$ および $P(B)$ をそれぞれ求めなさい。

解答

10 本中 3 本が当たりなので，$P(A) = \dfrac{3}{10}$ です。

B の起こる事象には，(i) A が起きた場合，すなわち最初に引いた人が当たった場合と，(ii) A が起きなかった場合，すなわち最初に引いた人が外れた場合があります。

(i) A が起きた場合：

残ったくじ 9 本に当たりは 2 本です。したがって，当たる確率は $\dfrac{3}{10} \times \dfrac{2}{9}$

です。

(ii) A が起きなかった場合：
　　残ったくじ 9 本に当たりは 3 本です．したがって，当たる確率は $\frac{7}{10} \times \frac{3}{9}$ です．

(i) と (ii) は排反なので，式 (4.5) より，$P(B)$ は両者の和となり，
$$P(B) = \left(\frac{3}{10} \times \frac{2}{9}\right) + \left(\frac{7}{10} \times \frac{3}{9}\right) = \frac{3}{10}$$
となります．つまり，確率 $P(A)$ および $P(B)$ は等しいことになります．

例題 4.9

ある箱に赤いリンゴ 8 個と青いリンゴ 4 個が入っています．箱の中からリンゴを無作為に 1 個ずつ計 3 個取り出した結果，すべて赤いリンゴでした．次の (1) と (2) の取り出し方をした場合について，この事象の起きる確率をそれぞれ求めなさい．

(1) 箱からリンゴを 1 個取り出した後，それを箱に戻して混ぜて，次のリンゴを取り出す（これを**復元抽出**といいます）．
(2) 箱からリンゴを 1 個取り出した後，それを箱に戻さないで次のリンゴを取り出す（これを**非復元抽出**といいます）．

解答

(1) 赤いリンゴを取り出す確率は，毎回 $\frac{8}{12}$ ですから，
$$\left(\frac{8}{12}\right)^3 = \left(\frac{2}{3}\right)^3 = \frac{8}{27}$$
となります．

(2) 赤いリンゴを取り出すごとに，赤いリンゴは 1 個ずつ減っていくので，
$$\left(\frac{8}{12}\right) \times \left(\frac{7}{11}\right) \times \left(\frac{6}{10}\right) = \frac{14}{55}$$
となります．

4.5　ベイズ統計学　　　　　　　　　　　　　　　　　発　展

ベイズ統計学 (Bayesian Statistics) は，条件つき確率を使って，結果からその原因を推定する統計学です。医学，生物学の分野でも応用が広がっています。

4.5.1　ベイズの定理

さきほど解説したように，事象 A の起こる条件のもとで事象 B の起こる確率を条件つき確率とよび，$P(B|A)$ と表します。そして事象 A かつ事象 B が起こる確率 $P(A \cap B)$ について，次の関係式 (4.8) が成り立ちます。

$$P(A \cap B) = P(B)P(A|B) = P(A)P(B|A) \tag{4.8}$$

この式から次の式が導き出されます。

$$P(B|A) = \frac{P(A|B)P(B)}{P(A)} \tag{4.11}$$

これを**ベイズの定理** (Bayes' theorem) といいます。ここで，結果を R，ある原因を H とおくと，次の**ベイズの基本公式**が得られます。

$$P(H|R) = \frac{P(R|H)P(H)}{P(R)} \tag{4.12}$$

この公式を用いると，結果に対してその原因が関わる割合，すなわち寄与度が求められます。ここで，$P(H|R)$ を事後確率，$P(R|H)$ を尤度，$P(H)$ を事前確率とよびます。また，事後確率 $P(H|R)$ は結果 R が起きたときの原因 H に起因する確率を表し，尤度 $P(R|H)$ の逆確率ともよばれます。ベイズの定理を理解するため，次の例題を考えてみましょう。

例題 4.10

ある病気の感染率は 1/1000 です。その病気の検査法で，感染患者は 99%の確率で陽性結果となります。一方，この検査法で非感染者の 2%を陽性と判定してしまいます。ある人がこの検査を受けた結果，陽性と判定されました。この人がその病気に感染している確率はどのくらいですか。

解答

判定結果には，

(i) 感染していて検査結果が陽性
(ii) 感染していて検査結果が陰性
(iii) 非感染で検査結果が陽性
(iv) 非感染で検査結果が陰性

という 4 つの場合が考えられます。感染している事象を事象 I，検査結果が陽性という事象を事象 Y とすると，求める確率は陽性という検査結果の条件での感染している確率ですから，$P(I|Y)$ と表され，ベイズの定理より次の式で表されます。

$$P(I|Y) = \frac{P(Y|I)P(I)}{P(Y)}$$

$P(Y|I)$ は感染者の検査陽性率ですから 0.99，$P(I)$ はこの病気の感染率ですから 0.001 です。ここで，検査結果が陽性である確率 $P(Y)$ は感染者の 99% と非感染者の 2%の和となりますから，$0.001 \times 0.99 + 0.999 \times 0.02 = 0.02097$ です。これらの値を式に代入して，$(0.99 \times 0.001)/0.02097 = 0.0472$ より，4.7%となります。検査前に 0.1% であった感染率は，検査後に 4.7% に上がったと考えられます。

結果 R に対して原因が複数あることも考えられます。例えば，図 4.2 のようにある結果 R（斜線の部分）が互いに重複のない（排反な）複数の原因 A, B, C から起こるとき，結果 R が，そのなかの原因 A によって起こる確率 $P(A|R)$ を推定しましょう。

ベイズの定理に従うと，$P(A|R)$ は次のように表されます。

$$P(A|R) = \frac{P(R|A)P(A)}{P(R)} \tag{4.13}$$

ここで原因は 3 つあるので，図 4.2 に示すように $P(R)$ は 3 つの確率の和として表すことができます。

$$P(R) = P(A \cap R) + P(B \cap R) + P(C \cap R) \tag{4.14}$$

この式に乗法定理の式 (4.8) を用いると，次のように表されます。

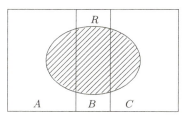

図 4.2　原因 A, B, C と結果 R の関係

$$P(R) = P(A)P(R|A) + P(B)P(R|B) + P(C)P(R|C) \tag{4.15}$$

したがって，この式を式 (4.13) に代入すると，次のように表されます。

$$P(A|R) = \frac{P(R|A)P(A)}{P(A)P(R|A) + P(B)P(R|B) + P(C)P(R|C)} \tag{4.16}$$

例題 4.11

ある品種のリンゴを 3 つの農場 A,B,C から購入しています。購入数の比は，それぞれ 10%, 30%, 60% です。一方，不良品の出る割合は，それぞれ 3%, 2%, 1% です。ある 1 つのリンゴを取り出すと不良品であったとき，それが農場 A から購入したリンゴである確率を求めなさい。

解答

取り出したリンゴが不良品である事象を事象 R とし，原因が 3 つの場合のベイズの式 (4.16) を適用します。農場 A からの購入比は 10% ですから，$P(A) = 0.1$ となります。同様に，$P(B) = 0.3, P(C) = 0.6$ となります。農場 A からのリンゴの不良率は 3% ですから，$P(R|A) = 0.03$ となり，同様に $P(R|B) = 0.02, P(R|C) = 0.01$ となります。以上の数値を式 (4.16) に代入すると，

$$P(A|R) = \frac{0.03 \times 0.1}{0.1 \times 0.03 + 0.3 \times 0.02 + 0.6 \times 0.01} = 0.2$$

となります。したがって 20% の確率で農場 A から購入したリンゴであると推定できます。

4.5.2 ベイズ更新

ベイズ統計では，ある原因について得られた事後確率を次のベイズの基本公式 (4.12) の事前確率として使うことができます。これを繰り返し，結果に対するその原因の寄与度について精度を高めていくことができます。これを**ベイズ更新** (Bayesian updating) といいます。次の例題を使って具体的に考えてみましょう。

例題 4.12

箱 A には国内産のキウイフルーツと輸入したキウイフルーツが 5:1 の割合で，箱 B には 2:5 の割合でそれぞれ数多く入っています。A か B かわからないまま箱を 1 つ選び，そこから連続して 3 つのキウイフルーツを取り出すと，輸入品，輸入品，国内産の順で取り出しました。このとき，取り出した箱が A である確率を求めなさい。

解答

結果を R とおくと，原因は 2 種類（箱 A か，箱 B か）あります。R に対して箱 A である確率 $P(A|R)$ は式 (4.16) をもとにして次の式で表されます。

$$P(A|R) = \frac{P(R|A)P(A)}{P(A)P(R|A) + P(B)P(R|B)}$$

最初に取り出した輸入品について考えると，箱 A が選ばれる確率 $P(A)$ は（何の情報もないので）$P(B)$ と等しいと考えて $P(A) = P(B) = 1/2$ とします。一方，箱 A から輸入品を取り出す確率 $P(R|A)$ は 1/6 であり，同様にして箱 B から輸入品を取り出す確率 $P(R|B)$ は 5/7 です。これらの値を上の式に入れて計算すると，$P(A|R) = 0.189\cdots$ となります。

次に，ベイズ更新の考え方を用いて，この値を事前確率 $P(A)$ として 2 番目のキウイフルーツ（輸入品）に対して上の式をあてはめます。このとき，$P(B) = 1 - P(A)$ です。計算の結果，$P(A|R) = 0.0516\cdots$ となります。さらに，この値を事前確率 $P(A)$ として 3 番目（国内産）に対してベイズの定理をあてはめると，$P(A|R) = 0.137\cdots$ と計算されます。

このようにして 1 個ずつを取り出した結果から得られた $P(A|R)$ をプロットすると，図 4.3 になります。結果からは，この箱が A である確率は小さくなり

ます。一方，箱が B である確率は $1 - 0.137 = 0.863$ となります。（興味のある人は，計算して確かめてください。）

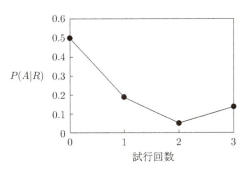

図 4.3　試行回数による $P(A|R)$ の変化

問題 4.1　A と B の 2 つのサイコロの目の和が 5 である事象の根元事象とその起こる確率を，表 4.1 を参考に求めなさい。

問題 4.2　フェニルケトン尿症は先天性の代謝異常で，劣性遺伝します。どちらも健康な夫婦の最初の子どもがフェニルケトン症でした。この夫婦がさらに 2 人の子どもを生んだとき，2 人の子どもがともに健康である確率を求めなさい。

問題 4.3　ある食品工場で作られた製品 5000 個のうち，不良品が 25 個ありました。製品のなかから無作為に 2 個取り出したとき，以下の問いに答えなさい。

(1) 2 個とも不良品である確率を求めなさい。
(2) 少なくとも 1 個が不良品である確率を求めなさい。

4.5　ベイズ統計学

問題 4.4 マウスのある酵素の遺伝子は3種の複対立遺伝子 A, B, C からなり，遺伝子型はそれぞれ AA, BB, CC, AB, BC, CA と表されます。このマウスの集団における各遺伝子の比率を a, b, c で表すとき，$a = 0.12$, $b = 0.52$, $c = 0.36$ でした。ハーディー・ワインベルグの法則が成り立つとして，この集団で生まれたマウスの酵素の遺伝子型が BC である確率を求めなさい。

問題 4.5 ヒトの血液型の対立遺伝子を M および N とします。ある町の住民の遺伝子型 MN の比率は NN の10倍でした。ハーディー・ワインベルグの法則が成り立つとして，この町での遺伝子 N の比率を求めなさい。

問題 4.6 8個のみかんのうち，2個は酸っぱい。このなかから1個ずつ3回無作為にみかんを取り出して食べるとき，酸っぱいみかんに当たる確率を求めなさい。

問題 4.7 例題4.8で3番目にくじを引いた人が当たる事象 C の起こる確率 $P(C)$ を求めなさい。

問題 4.8 男子の新生児10万人について，ある年齢まで生きる人数を調査した結果，下の表（生命表）になりました。

年齢	0	10	20	30	40	50	60	70	80
人数	100,000	96,112	96,003	93,221	91,005	87,268	78,954	54,623	22,156

(1) ある男子の新生児が70歳まで生きる確率を求めなさい。
(2) 20歳まで生きた男性が50歳まで生きる確率を求めなさい。
(3) 40歳まで生きた男性が10年以内に死亡する確率を求めなさい。

問題 4.9 例題 4.10 において，検査結果が陰性にもかかわらず，実際には感染している確率を求めなさい。

問題 4.10 ある大学の学生の出身県の比率は，A 県が 20%，B 県が 40%，C 県が 30%，D 県が 10% です。また，その男女比（女子の比率）は，それぞれ 55%, 50%, 60%, 45% です。この大学内で，ある女子学生に出会ったとき，彼女が A 県出身である確率を求めなさい。

第 5 章

確率変数

第 4 章で確率の基礎について説明しました。確率を使って起こりうる事象を考えるとき，確率変数という変数を使います。この確率変数を使って，平均（期待値），分散などが定義できます。

5.1 確率変数とは

第 4 章では，ある事象が起こる確率について説明しました。ここで，サイコロを 1 回振ったとき出る目を変数と考えましょう。そのとき，実際に出る目の数は 1 から 6 までの数字です。すなわち，変数に具体的な数値を対応させることができます。そして変数が実際に 1 から 6 までの数値をとる確率は，サイコロの例ではすべて 1/6 です。

このように，標本空間中の根元事象（サイコロの例では，サイコロを 1 回振ったとき出る目のすべて）に具体的な数値（この例では 1 から 6 までの数値）を対応させた変数 X を考えるとき，変数が実際にある数値 x をとる確率が定まっていれば（例えば 3 の目の出る確率は 1/6），この変数を**確率変数** (random variable) といいます。ここで確率変数は大文字で，実際にとる数値は小文字で表します。また，確率変数には，離散的確率変数と連続的確率変数があります。

5.1.1 離散的確率変数

離散的というのは文字通り，飛び飛びの離れた値をいいます。離散的確率変数の例として，2 つのサイコロを振ったときの出た目の和を変数とした場合を考えましょう。表 5.1 に示すように，この確率変数は 2 から 12 までの正の整数だけをとりま

表5.1 AとBの2つのサイコロを振ったときの
各事象の起こる確率

事象		根元事象 (A, B)	確率
目の和が	2	$\{(1,1)\}$	1/36
	3	$\{(1,2),(2,1)\}$	2/36
	4	$\{(1,3),(2,2),(3,1)\}$	3/36
	5	$\{(1,4),(2,3),(3,2),(4,1)\}$	4/36
	6	$\{(1,5),(2,4),(3,3),(4,2),(5,1)\}$	5/36
	7	$\{(1,6),(2,5),(3,4),(4,3),(5,2),(6,1)\}$	6/36
	8	$\{(2,6),(3,5),(4,4),(5,3),(6,2)\}$	5/36
	9	$\{(3,6),(4,5),(5,4),(6,3)\}$	4/36
	10	$\{(4,6),(5,5),(6,4)\}$	3/36
	11	$\{(5,6),(6,5)\}$	2/36
	12	$\{(6,6)\}$	1/36
		総和	1

す。そして，この変数が例えば6をとるときの確率は5/36となります。なお，表5.1は第4章で示した表4.1をすべての目の和（事象）について表したものです。

この表5.1の結果をグラフに示すと，図5.1のようになります。和が7を最大値とした左右対称の確率分布がみられます。これも関数として考えることができ，**確率密度関数**とよびます。ここで，X が離散した値 x_i をとるとき，その確率を p_i とします。ただし，$i = 0, 1, 2, 3, \cdots$ です。すると各 x_i について確率 p_i が定まるとき，この確率を次の関数の形で表すことができます。

$$f(x_i) = p_i$$

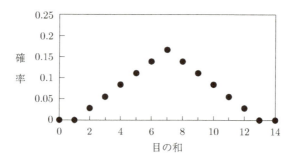

図5.1 AとBの2つのサイコロを振ったときの
各事象の起こる確率

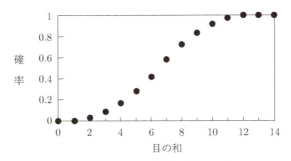

図 5.2　各事象の確率密度の積算（分布関数）

表 5.1 に示した例では $i = 5$ のとき $p_5 = 5/36$ (> 0) と表せます．なお，離散的確率変数においては，x が x_i でないときは当然 $p_i = 0$ です．表 5.1 に示した例では $i = 1.37$ のとき，$p_{1.37} = 0$ です．

さらに，各 i での確率密度 p_i を積算していくと，図 5.1 で示したサイコロの例は図 5.2 のように示されます．その総和は全事象に対応するため，1 となります．この例では $i = 12$ で 1 に達します．

このような各事象の確率を積算していく関数 $F(x)$ を**分布関数** (distribution function) とよびます．離散的確率変数での分布関数は次の式で表されます．

$$F(x) = \sum_{x_i \leq x} f(x_i) \tag{5.1}$$

ここで $\sum_{x_i \leq x}$ は x 以下の x_i すべてに対して，$f(x_i)$ を足すという意味です．例えば表 5.1 の例では，目の和が 3 までとなる $F(3)$ は

$$F(3) = \sum_{x_i \leq 3} f(x_i) = f(0) + f(1) + f(2) + f(3) = 0 + 0 + \frac{1}{36} + \frac{2}{36} = \frac{1}{12}$$

となります．また，確率変数 X が範囲 $a < X \leq b$ にあるとき，その事象が起きる確率 $P(a < X \leq b)$ は次のように表せます．

$$P(a < X \leq b) = F(b) - F(a) = \sum_{a < x_i \leq b} f(x_i) \tag{5.2}$$

5.1.2　連続的確率変数

連続的確率変数においては，その変数 X が範囲 $c < x \leq d$ にあるとき，その確率密度を $f(x)$ とすれば，その事象が起きる確率 $P(c < X \leq d)$ は次のように表せ

ます．
$$P(c < X \leq d) = \int_c^d f(x)dx \tag{5.3}$$
これを図示すると，この確率は図 5.3 の斜線の部分に相当します．ここで，山型の曲線が確率密度を示します．なお，この関数 $f(x)$ を，連続的確率変数における確率密度関数とよびます．

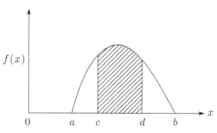

図 5.3　$c < x \leq d$ において事象が起きる確率

　この例では連続的確率変数 X が $a < x < b$ の範囲でのみ確率密度 $f(x)$ が正の値をとり，それ以外では 0 です．

　離散的確率変数では図 5.2 で示したように各事象の確率密度を積算していくと，最終的にその和は 1 となりました．離散的確率変数でも確率変数 X が $-\infty$ から $+\infty$ の間でその確率密度 $f(x)$ を積分すると，その値は 1 となります．これを式で表すと，次のようになります．
$$\int_{-\infty}^{+\infty} f(x)dx = 1 \tag{5.4}$$
図 5.3 の例では，図 5.4 に示すように山型の斜線全体の面積が 1 となることを意味します．

　離散的確率変数で分布関数の式 (5.1) を定義したように，連続的確率変数も次のように分布関数を定義することができます．すなわち，$-\infty$ から x の範囲での確率変数 X の分布関数 $F(x)$ は確率密度関数 $f(x)$ を使って式 (5.5) のように表されます．
$$F(x) = \int_{-\infty}^x f(y)dy \tag{5.5}$$
ただし，式中の y は単に $f(y)$ の変数であることを示しているだけです．分布関数

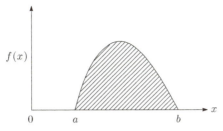

図 5.4　連続的確率変数におけるすべての確率の和

を使うと，式 (5.3) の確率 $P(c < X \leq d)$ は次の式 (5.6) のように表すことができます。

$$P(c < X \leq d) = F(d) - F(c) = \int_c^d f(x)dx \tag{5.6}$$

5.2　確率変数の平均と分散

確率変数 X の実際にとる値を x，確率密度を $f(x)$ としたとき，確率変数 X の平均 μ（ミュー）は次の式で定義されます。

離散的確率変数の場合：

$$\mu = \sum_{i=0}^{\infty} x_i f(x_i) = x_0 f(x_0) + x_1 f(x_1) + x_2 f(x_2) + \cdots \tag{5.7}$$

連続的確率変数の場合：

$$\mu = \int_{-\infty}^{+\infty} x f(x) dx \tag{5.8}$$

この平均を**期待値** (expectation) ともいい，$E(X)$ と表すことがあります。

例題 5.1

　公平なコインを投げて表が出た場合は 2000 円，裏が出た場合は 1000 円もらえるとします。この期待値を求めなさい。"公平な" とは各事象（ここでは表と裏）の出る確率が均一であるという意味です。

解答

公平なコインの表と裏の出る確率はともに 0.5 ですから，期待値は離散変数の場合の式 (5.7) に従い，$2000 \times 0.5 + 1000 \times 0.5$ と計算され，答えは 1500 円です。

確率変数 X の**分散**を σ^2（シグマ二乗と読みます）で表すと次の式で定義されます。
離散的確率変数の場合：

$$\sigma^2 = \sum_{i=0}^{\infty}(x_i - \mu)^2 f(x_i) = (x_0 - \mu)^2 f(x_0) + (x_1 - \mu)^2 f(x_1) + \cdots \quad (5.9)$$

連続的確率変数の場合：

$$\sigma^2 = \int_{-\infty}^{\infty}(x - \mu)^2 f(x) dx \quad (5.10)$$

このように，分散とは確率変数の平均からの差（偏差）の二乗平均ともいえます。また，σ は分散 σ^2 の正の平方根ですが，これを**標準偏差**とよびます。

例題 5.2

例題 5.1 のコイン投げでの分散と標準偏差を求めなさい。

解答

期待値は 1500 円ですから分散は式 (5.9) に従い，$(2000 - 1500)^2 \times 0.5 + (1000 - 1500)^2 \times 0.5$ より 250000 となります。標準偏差はその平方根をとって 500 となります。

例題 5.3

$x \geq 0$ で定義された次の関数 $f(x)$ が確率密度となるように定数 $c(>0)$ の値を決めなさい。ただし，$0 \leq a$ とします。

$$f(x) = \begin{cases} c & (a \leq x \leq b) \\ 0 & (その他の\ x) \end{cases}$$

解答

この関数をグラフで表すと次のようになります。

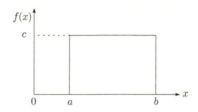

確率密度の総和は 1 ですから，図の長方形の面積は 1 です。したがって $c = \dfrac{1}{b-a}$ となります。

発　展

$h(X)$ を確率変数 X の関数とするとき，式 (5.7) と (5.8) で示した平均の定義から，$E[h(X)]$ を次のように定義し，これを $h(X)$ の期待値といいます。X が離散的確率変数と連続的確率変数の場合について次のように表せます。

離散的確率変数の場合　　$E[h(X)] = \sum_{i=0}^{\infty} h(x_i) f(x_i)$ 　　(5.11)

連続的確率変数の場合　　$E[h(X)] = \int_{-\infty}^{\infty} h(x) f(x) dx$ 　　(5.12)

ここで，X の k 乗を考えて $h(X) = X^k$ ($k = 0, 1, 2, 3, \cdots$) とした場合，式 (5.11)，式 (5.12) は，

離散的確率変数の場合　　$E[X^k] = \sum_{i=0}^{\infty} (x_i)^k f(x_i)$ 　　(5.13)

連続的確率変数の場合　　$E[X^k] = \int_{-\infty}^{\infty} x^k f(x) dx$ 　　(5.14)

となります。これらを (k 次の) **積率**（またはモーメント，moment）といいます。平均（期待値）μ は $k = 1$ の場合であるので，1 次のモーメントといえ

ます。

分散 σ^2 は式 (5.9), (5.10) より，平均 μ の周りの 2 次のモーメントとして次のように表せます。

$$\sigma^2 = E[(X-\mu)^2] \tag{5.15}$$

また，分散と期待値の間には次の関係がみられます。

$$\sigma^2 = E[X^2] - \mu^2 \tag{5.16}$$

これは連続変数のとき，次のようにして示すことができます。すなわち，分散 σ^2 は式 (5.10) から次のように計算されます。

$$\sigma^2 = \int_{-\infty}^{\infty} (x^2 - 2\mu x + \mu^2) f(x) dx = E[X^2] - 2\mu E[X] + \mu^2 E[1] \tag{5.17}$$

ここで，式 (5.14) で $k=0$ のとき $E[1] = \int_{-\infty}^{\infty} f(x) dx$ となり，これを式 (5.17) に使っています。

式 (5.17) は $\mu = E[X]$ よりさらに式 (5.18) に示すように計算されます。

$$\sigma^2 = E[X^2] - 2\mu^2 + \mu^2 \tag{5.18}$$

ただし $E[1]$ の値は確率密度の定義から 1 です。最終的に分散は式 (5.16) に示すように X^2 の期待値から X の期待値 μ の 2 乗を引いた値に等しくなります。

例題 5.4

確率変数を $x = 2, 3, 4$ とし，その起こる確率がすべて等しい (すなわち 1/3) とき，式 (5.16) が成り立つことを確かめなさい。

解答

$x = 2, 3, 4$ より $\mu = (2+3+4)/3 = 3$ です。式 (5.9) より分散を求めると，

$$\sigma^2 = \sum_{x=2}^{4} (x-3)^2 \times \frac{1}{3} = \frac{(-1)^2 + 0^2 + 1^2}{3} = \frac{2}{3}$$

となります。一方，式 (5.16) の右辺は，

$$E[X^2] - \mu^2 = \sum_{x=2}^{4}\left(x^2 \times \frac{1}{3}\right) - 3^2 = \frac{4+9+16}{3} - 9 = \frac{2}{3}$$

です。以上の結果，両辺は等しいことが示されました。

5.3 確率変数の加法と乗法

確率変数 X の平均を $E[X]$，X の分散を $\sigma^2(X)$ と表すとき，X を a 倍して，b を加えた変数 $aX+b$ の平均と分散について次の式が成り立ちます。ただし，a と b は定数とします。

$$E[aX+b] = aE[X] + b \tag{5.19}$$
$$\sigma^2(aX+b) = a^2\sigma^2(X) \tag{5.20}$$

例題 5.5

公平なコインを投げて，表が出た場合は $X=1$，裏が出た場合は $X=0$ とします。このときの X の平均，すなわち期待値およびその分散を求めなさい。また，賭け金 6 ドルを払い，コインの表が出た場合は 10 ドル獲得し，裏が出た場合は賭け金が戻らないとします。このときの儲け W は $10X-6$ です。W の平均値とその分散はいくつですか。

解答

まず，X について平均と分散を求めます。表と裏の出る確率はともに 0.5 ですから，

$$E(X) = 0 \times 0.5 + 1 \times 0.5 = 0.5$$
$$\sigma^2(X) = (0-0.5)^2 \times 0.5 + (1-0.5)^2 \times 0.5 = 0.25$$

となります。W に関しては定義に従い，$E(W) = (0-6) \times 0.5 + (10-6) \times 0.5 = -3 + 2 = -1$ および $\sigma^2(W) = (-6+1)^2 \times 0.5 + (4+1)^2 \times 0.5 = 25$ でもよいのですが，式 (5.19)，式 (5.20) を使えば，簡単に求められます。

$$E(W) = 10 \times 0.5 - 6 = -1$$
$$\sigma^2(W) = 10^2 \times 0.25 = 25$$

2 つの確率変数 X_1 と X_2 について，その和の変数 $X_1 + X_2$ の期待値は次の式で表すことができます。

$$E[X_1 + X_2] = E[X_1] + E[X_2] \tag{5.21}$$

また，X_1 と X_2 が独立のとき，$X_1 + X_2$ の分散は次のように表されます。

$$\sigma^2(X_1 + X_2) = \sigma^2(X_1) + \sigma^2(X_2) \tag{5.22}$$

確率変数が 1 つからなる場合の加法と乗法，すなわち式 (5.19) と式 (5.21) を混乱しないように注意してください。

例題 5.6

あるコインを 2 回投げ，その表の出る回数をそれぞれ X_1 と X_2 とします。そのとき，表の出る回数は $X_1 + X_2$ です。$X_1 + X_2$ についての期待値とその分散を求めなさい。

解答

各事象とその確率をまとめると次の表になります。

$X_1 + X_2$	0	1	2
$P(X_1 + X_2)$	0.25	0.5	0.25

したがって $E(X_1 + X_2) = 25 + 1 \times 0.5 + 2 \times 0.25 = 1$ です。式 (5.21) を使うと，$E(X_1) = E(X_2) = 0.5$ ですから $E(X_1 + X_2) = 0.5 + 0.5 = 1$ となります。分散も同様に $\sigma^2(X_1 + X_2) = (0-1)^2 \times 0.25 + (1-1)^2 \times 0.5 +$

$(2-1)^2 \times 0.25 = 0.5$ となります．一方，式 (5.22) を使うと，例題 5.5 より $\sigma^2(X_1) = \sigma^2(X_2) = 0.25$ ですから $\sigma^2(X_1 + X_2) = 0.25 + 0.25 = 0.5$ となります．

確率変数の加法（または乗法）を一般化すると，次の式が成り立ちます．
$$E\left[\sum_{i=1}^{n} X_i\right] = \sum_{i=1}^{n} E[X_i] \tag{5.23}$$
X_i がすべて独立な場合は分散について次の式が成り立ちます．
$$\sigma^2\left(\sum_{i=1}^{n} X_i\right) = \sum_{i=1}^{n} \sigma^2(X_i) \tag{5.24}$$

問題 5.1 公平なサイコロを振ったとき出る目の平均と分散を求めなさい．

問題 5.2 次の関数 $f(x)$ が確率密度となるように c の値を求めなさい．またその分布関数を求めなさい．
$$f(x) = \begin{cases} cx & (0 \leq x \leq 2) \\ 0 & (その他の x) \end{cases}$$

問題 5.3 例題 5.3 においてこの分布に対する平均と分散を求めなさい．

問題 5.4 次の関数 $f(x)$ が確率密度となるように c の値を求めなさい．次にその分布に対する平均と分散を求めなさい．
$$f(x) = \begin{cases} c(1-x^2) & (-1 \leq x \leq 1) \\ 0 & (その他の x) \end{cases}$$

問題 5.5 2つのサイコロを振ったときの出る目の和ついて，その平均と分散を求めなさい．

第 6 章

さまざまな確率分布

確率変数がある値になる確率を確率分布といいます。事象の確率分布にはさまざまなタイプがありますが，大きく離散型と連続型の分布に分けることができます。離散型の確率分布には二項分布，ポアソン分布，超幾何分布などがあり，連続型の確率分布には正規分布があります。この章では代表的な離散型の確率分布を説明します。なお，正規分布については第 7 章で説明します。

6.1 二項分布

6.1.1 二項分布とは

あるコインを投げた結果は，表が出るか，裏が出るかの 2 つの根元事象しかありません。サイコロを 1 回投げて出た目が半（奇数）か丁（偶数）をみるときも，2 つの根元事象しかありません。また，サイコロを 1 回投げて出た目が 1 かそれ以外の数かをみるときも，根元事象は 2 つです。二項分布では 2 つの根元事象のうち，1 つに注目します。

ここで，ある事象 A の起こる確率 P(A) を p とします。一般に独立な（すなわち，ある試行の結果が，それ以降の試行の結果に影響しない）試行を n 回繰り返したとします。事象 A が x 回起こるとき，A の起こらない余事象は $n-x$ 回起き，その組合せの数は $_nC_x$ 通りあります。したがって事象 A が x 回起こる確率 $f(x)$ は，次のように表されます。

$$f(x) = {_nC_x} p^x (1-p)^{n-x} \qquad (6.1)$$

ここで $x = 0, 1, 2, 3, \cdots, n$ です．このような確率分布を**二項分布** (binomial distribution) とよびます．二項分布は離散型確率分布の一つです．

コイン投げを使って，二項分布を具体的に考えてみましょう．公平な（すなわち，表と裏の出る確率に差がない）コインを 10 回投げたとき，表の出る回数を x とします．コインの表が x 回出る確率 $f(x)$ を求めてみましょう．1 回のコイン投げで，表の出る確率は $1/2$，裏の出る確率は $1 - 1/2$ ですから，次の二項分布の式を使って，表 6.1 のようにまとめることができます．

$$f(x) = {}_{10}C_x \left(\frac{1}{2}\right)^x \left(1 - \frac{1}{2}\right)^{10-x} = {}_{10}C_x \left(\frac{1}{2}\right)^{10}$$

表 6.1　コインを 10 回投げたとき，表が x 回出る確率

x	0	1	2	3	4	5	6	7	8	9	10	総和
${}_{10}C_x$	1	10	45	120	210	252	210	120	45	10	1	
$f(x)$	0.001	0.0098	0.0439	0.1172	0.2051	0.2461	0.2051	0.1172	0.0439	0.00977	0.001	1

表 6.1 の各確率をグラフに表すと，$x = 5$ をピークとする左右対称の形状になります（図 6.1）．また，各事象の起こる確率の総和は 1 となります．

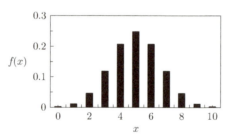

図 6.1　公平なコインを 10 回投げたとき，
　　　　　表が x 回出る確率 $f(x)$

例題 6.1

5 つの選択肢から 1 つの正解を選ぶ試験問題が 4 問あります．このとき，まったくランダムに解答して 3 問正解する確率を求めなさい．また，1 問以上正解

する確率を求めなさい。

解答

ある問題をランダムに解答したときの結果は，正解するか間違えるかの2つの根元事象しかありません。選択肢は5つある五者択一問題で，どの問題でも正解する確率は 1/5 です。二項分布に従うと考えて，式 (6.1) にあてはめて，

$$_4C_3 \left(\frac{1}{5}\right)^3 \left(1-\frac{1}{5}\right)^{4-3} = {}_4C_3 \left(\frac{1}{5}\right)^3 \left(\frac{4}{5}\right)^1 = \frac{4 \times 1 \times 4}{5^4}$$
$$= \frac{16}{625}(= 0.0256)$$

となります。

次に1問以上正解する確率を考えましょう。1問以上正解する事象の余事象は，「4問すべて不正解する」ですから，全事象から余事象「4問すべて不正解する」の起こる確率を引いた確率が「1問以上正解する」確率となります。したがって $1 - {}_4C_0 \left(\frac{1}{5}\right)^0 \left(\frac{4}{5}\right)^4 = 1 - \frac{4^4}{5^4} = \frac{369}{625}(= 0.590)$ となります。

6.1.2 二項分布の平均と分散

事象 x の起こる確率が二項分布を示すとき，起こる確率が p の事象 x を n 回試行したとすると，その平均 μ は式 (5.7) から式 (6.2) のように表すことができます。

$$\mu = \sum_{x=0}^{n} xf(x) = \sum_{x=0}^{n} x \cdot {}_xC_{n-x} p^x (1-p)^{n-x} \tag{6.2}$$

この式を解いていくと，最終的に式 (6.3) という簡単で重要な式が得られます。

$$\mu = np \tag{6.3}$$

二項分布の平均 μ は，確率 p と試行回数 n の積で表されるということです。このとき分散については，式 (5.9) より式 (6.4) のようになります。

$$\sigma^2 = \sum_{x=0}^{n} (x-\mu)^2 f(x) = \sum_{x=0}^{n} (x-\mu)^2 {}_xC_{n-x} p^x (1-p)^{n-x} \tag{6.4}$$

この式を解いていくと,最終的に式 (6.5) のような簡単な式が得られます.

$$\sigma^2 = np(1-p) \tag{6.5}$$

例題 6.2

例題 6.1 の五者択一問題で,ランダムに回答したときの正答数の平均とその分散を求めなさい.

解答

平均 μ は,式 (6.3) より $\mu = 4 \times (1/5) = 4/5$ となります.
分散 σ^2 は,式 (6.5) より $\sigma^2 = 4 \times (1/5) \times (4/5) = 16/25$ となります.

6.1.3 二項分布における確率密度

二項分布に従う事象について,それが起こる回数に対してその確率をグラフにプロットすると,確率密度を表す分布曲線が描けます.例として,確率 0.3 で起こる試行を 40 回行った場合,起こる回数に対する確率を考えます.この二項分布を Bin

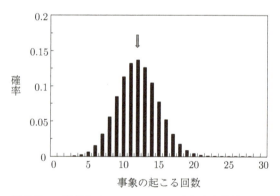

図 6.2 二項分布 Bin (40, 0.3) の確率密度曲線
矢印は平均 12 の位置を指しています.

(40, 0.3) と表します．図 6.2 に示すように，この例では平均 $12(= 0.3 \times 40)$ で確率が最大となる左右対称のベル型曲線が描かれます．

起こる回数の各確率を順次積算していったものを確率分布関数といいます．図 6.2 での各確率を積算したグラフを図 6.3 に示します．この例では事象の起こる回数が 20 回ほどで積算した確率がほぼ 1 に達していることがわかります．

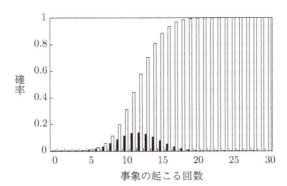

図 6.3　二項分布 Bin (40, 0.3) の確率分布関数と確率密度関数
黒色は確率密度関数（図 6.2 の再掲），白色は確率分布関数を表します．

二項分布に従う事象では，試行回数が増すほど，その事象の起こる（統計的）確率は一定値 p に近づくことが知られています．これは**大数の法則**とよばれます．

具体的に考えてみましょう．ある事象の起きる確率 p を $p = 0.4$ とし，試行回数 n を 10 回，30 回，50 回とします．グラフの横軸にその事象が起きる回数 x（x の代わりに x/n）をとり，縦軸に p（p の代わりに np）をとって，起こる回数についてプロットすると，図 6.4 のようになります．試行回数 n が増すにつれて x/n はある値 $p(= 0.4)$ に集中することがわかります．ただし，このグラフではみやすくするため，各 np の値を折れ線でつないで表しています．

6.1　二項分布

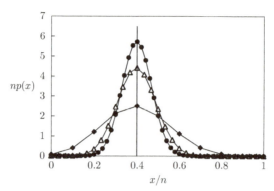

図 6.4 二項分布 Bin $(n, 0.4)$: x/n に関する分布
◆は $n = 10$, △は $n = 30$, ●は $n = 50$ を示します.

6.2 ポアソン分布

ある事象の起こる確率が二項分布に従うとき，平均 $\mu(= np)$ を一定にしたまま，試行回数 n を増やして無限大にした分布を**ポアソン分布** (Poisson distribution) とよびます．当然，確率 p は非常に小さい値となります．現実の世界では，航空機事故数，1 日あたりの自動車事故での死者数など，ごくまれに起こる事象に当てはまる確率分布であると考えられています．

ポアソン分布に従う事象が起こる確率 $f(x)$ は次の式で表されます．

$$f(x) = \frac{\mu^x}{x!} e^{-\mu} \qquad x = 0, 1, 2, \cdots \tag{6.6}$$

ポアソン分布の分散は，二項分布の分散を表す式 (6.5) から式 (6.7) のようになります．さらに n が無限大であることを考えると，式の最後の項 $\left(1 - \dfrac{\mu}{n}\right)$ は限りなく 1 に近づくので，ポアソン分布の分散 σ^2 は平均 μ に等しいことがわかります．

$$\sigma^2 = np(1-p) = \mu \left(1 - \frac{\mu}{n}\right) \xrightarrow{n \to \infty} \mu \tag{6.7}$$

ポアソン分布に従う事象において，その起こる回数の確率をグラフにプロットし，確率密度曲線を描いてみましょう．例として，平均を 2 として事象の起きる各回数に対してプロットすると，図 6.5 のようになります．

図 6.5 の中に,試行回数 50 回,確率 0.04 の二項分布による確率密度を参考として描きました。この場合,二項分布の平均も $2(= 50 \times 0.04)$ です。0.04 というかなり小さな確率では,二項分布の値はポアソン分布の値に非常に近いことがわかります。なお,この二項分布の分散は $50 \times 0.04 \times (1 - 0.04) = 1.92$ となり,ポアソン分布の値 2 に比べてわずかに小さくなります。

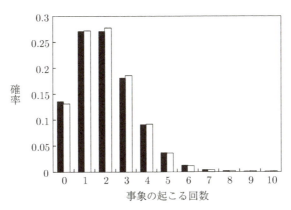

図 6.5　ポアソン分布と二項分布の比較
ポアソン分布(黒色)と二項分布(白色)での確率を示します。ともに平均は 2 です。

例題 6.3

ある家の固定電話には 1 日平均 2 回の電話がかかってきます。このとき,1 日に電話がまったく来ない確率を求めなさい。

解答

この家に電話がかかってくる事象は 1 日という時間の中では非常にまれであると考えられますから,ポアソン分布に従うと考えます。定義より 1 日に x 回電話がある確率 $f(x)$ は次の式で表されます。

$$f(x) = \frac{2^x}{x!} e^{-2}$$

したがって，1日に電話がまったく来ない確率は $f(0) = \dfrac{2^0}{0!}e^{-2} = e^{-2} = 0.135$ となります。ただし，$0! = 1$ です。

例題 6.4

ある細菌の浮遊液について，その単位体積あたりの細菌数，すなわち細菌濃度が低い場合，測定した濃度の分布は一般にポアソン分布に従うと考えられます。ある濃度の細菌浮遊液をつくり，一定量 (1mL) ずつ液体培地の入った容器 100 個に入れて培養しました。その結果，79 個の容器でその細菌の増殖が確認されました。この浮遊液の細菌濃度を推定しましょう。ただし，各容器で 1 個以上の細菌が存在すれば，その細菌は増殖すると考えます。

解答

「ある容器に 1 個以上の細菌が存在すれば，その細菌は増殖する」ので，余事象「ある容器に 1 個もその細菌が存在しない」が起こる確率を求めます。その確率はポアソン分布の式 (6.6) に $x = 0$ を代入して，$f(0) = e^{-\mu}$ となります。ただし μ は平均，すなわち求める細菌濃度（細胞/mL）です。したがって，ある容器に細菌が 1 個以上存在する，すなわち増殖が認められる確率は $1 - e^{-\mu}$ となります。

次に，ある容器について増殖するか否かは二項分布に従うと考えられますから，細菌濃度 μ に対して 100 個中の 79 個が陽性，21 個が陰性となる確率 $P(\mu)$ は，次の式で表されます。

$$P(\mu) = {}_{100}C_{79}(1 - e^{-\mu})^{79}(e^{-\mu})^{21}$$

各値の μ に対してこの式の値をプロットすると，次のグラフのようになります。

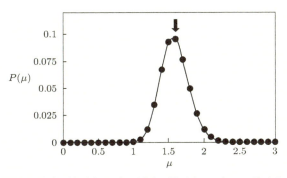

このグラフで最も確率（尤度）の高い濃度（矢印）が求める濃度となり，μ は 1.6 細胞/mL（または 160 細胞/100mL）と推定されます。

　この方法を拡張して，調べる浮遊液を例えば 3 段階 10mL，1mL，0.1mL ずつ複数（例：5 本）の栄養分のすでに入った容器に接種し，培養して各段階での増殖のみられた試料の数（例：接種量 10mL の試料から順に 3 個 −2 個 −0 個）からもとの浮遊液の細菌濃度を推定することができます。この方法を**最確数** (Most Probable Number：MPN) 法とよび，微生物濃度の低い試料の濃度推定に使われます。

6.3　多項分布

　二項分布を一般化して，各試行で起こりうる事象が独立で m 通りある場合の分布を考えることができます（m は 2 以上の正の整数）。これを**多項分布**といいます。

　ここでは三項分布を考えてみましょう。三項分布は，ある試行を繰り返し行っても 3 つのそれぞれ独立した事象しか起こらない場合です。その各事象の起こる確率を p_1，p_2，p_3 とすると，$p_1 + p_2 + p_3 = 1$ が成り立ちます。

　例えば，サイコロを振って出た目を考えるとき，4，5，6 の目が出た場合はそれぞれ 3 を引いて 1，2，3 とします。このとき起こる事象は 1，2，3 しかなく，それぞれ独立であり，起こる確率 p_1，p_2，p_3 はすべて 1/3 となります。このサイコロを 5 回投げて，1 の目が 3 回，2 の目が 2 回，3 の目が 0 回出る確率 P は

$$P = \frac{5!}{3!2!0!} p_1^3 \cdot p_2^2 \cdot p_3^0 \tag{6.8}$$

と表されます。$p_1 = p_2 = p_3 = 1/3$ を式 (6.8) に代入すると，$P = 0.41$ と求められます。

6.4 超幾何分布

2種類の試料 A と B からなる N 個の集団に，A が M 個含まれているとします。この集団から無作為に1個を戻さずにとる（非復元抽出）という試行を n 回行ったとき，A が x 個である確率を $f(x)$ とします。このとき n 回の試行で取り出される試料の全組合せ数は ${}_N C_n$ 個あります。また，M 個のうち，A を x 個とる場合の数は ${}_M C_x$ 個あり，$N - M$ 個のうち，B を $n - x$ 個とる場合の数は ${}_{N-M} C_{n-x}$ 個あります。したがって，$f(x)$ は次の式で表され，このような確率分布を**超幾何分布** (hypergeometric distribution) とよびます。

$$f(x) = \frac{{}_M C_x \cdot {}_{N-M} C_{n-x}}{{}_N C_n} \tag{6.9}$$

例題 6.5

ある鶏卵 10 個のうち，4 個が規格外品であるとします。鶏卵を 1 個ずつ 3 回取り出すとき，取り出した鶏卵は戻さないとして，2 個の規格外品を取り出す確率を求めなさい。

解答

3 回の操作で取り出す鶏卵の組合せは ${}_{10} C_3$ 通りあります。規格外品 4 個から 2 個取り出す組合せは ${}_4 C_2$ 通りあり，規格内の 6 個から 1 個取り出す組合せは ${}_6 C_1$ 通りあります。したがって，求める確率は式 (6.9) より ${}_4 C_2 \times {}_6 C_1 / {}_{10} C_3 = 3/10$ となります。

超幾何分布は M と N が十分に大きい場合，二項分布で近似できます。そのとき，A を取り出す確率 p は M/N とみなせます。

例題 6.6

ある食品工場で製造された製品 100 個のなかに，不良品が 20 個含まれているとします．無作為に 2 個を取り出してもとに戻さないとき，1 個が不良品である確率を求めなさい．

解答

1 個が良品，1 個が不良品である確率を求めます．超幾何分布で考えると，式 (6.9) より次の式が得られ，計算すると 0.323 と求められます．

$$f(x) = \frac{{}_{80}C_1 \cdot {}_{20}C_1}{{}_{100}C_2}$$

一方，二項分布で考えると，式 (6.1) より次の式が得られ，計算すると 0.32 となり，両者はほぼ等しいことがわかります．

$$f(x) = {}_2C_1 \times \left(\frac{80}{100}\right) \times \left(\frac{20}{100}\right)$$

問題 6.1 8 個のリンゴが入っている箱があり，そのうち 1 個は変色しています．箱から無作為にリンゴを 1 個取り出し，また箱に戻してほかのリンゴと混ぜるという操作を繰り返します．この操作を 3 回繰り返したとき，変色したリンゴを少なくとも 1 回取り出す確率を求めなさい．

問題 6.2 公平なサイコロを 8 回振るとき，5 の目が出る回数の平均と分散を求めなさい．

問題 6.3 例題 6.3 において 1 日に 3 回以上電話がかかってくる確率を求めなさい．

問題 6.4 ある微生物に銀微粒子を取り込ませる実験を行いました。微生物の細胞内に取り込まれた粒子数を測定し，1 細胞あたりに取り込まれた粒子数とその細胞数を次の表に示しました。以下の問いに答えなさい。

粒子数	0	1	2	3	4	5	6	7
細胞数	30	51	50	37	21	13	5	1

(1) 細胞内に取り込まれた総粒子数を総細胞数で割り，1 細胞あたりに取り込まれた銀粒子数の平均値を求めなさい。
(2) 1 細胞あたりに取り込まれる粒子数は，ポアソン分布に従うとして，取り込まれた粒子数 0 個から 7 個に対する各細胞数を求めなさい。

第7章

正規分布

各種の分布の基本である二項分布について第6章で解説しました。この分布から正規分布を導き出すことができます。正規分布は実際の統計学的解析をする場合に欠かすことができない重要な分布です。以後の章でも正規分布はしばしば出てきます。この章では正規分布の基礎について説明します。

7.1 二項分布の極限

二項分布は，コインを5回投げたときの表が出る回数の事象のように，離散的な分布です。その試行回数をさらに大きくしていくとどうなるでしょうか。二項分布でその平均値を変えずに起こる確率を非常に小さくすると，ポアソン分布になることは第6章で説明しました。これとは逆に，起こる確率を変えずに試行回数だけを大きくしていくとき，連続型分布を考えることができ，これを**正規分布** (normal distribution) といいます。

平均 μ，分散 σ^2 の正規分布の確率密度関数は式 (7.1) のように定義されます。

$$h(y) = \frac{1}{\sqrt{2\pi}\sigma} e^{\frac{-(y-\mu)^2}{2\sigma^2}} \tag{7.1}$$

確率変数 Y が確率密度関数 $h(y)$ をもつとき，Y は正規分布 $N(\mu, \sigma^2)$ に従うといいます。カッコの中の数値は平均と分散の値を表します。

正規分布と二項分布を比べるため，試行回数 n が6と40のとき起きる確率をどちらも0.3として両分布による確率密度関数の曲線を描くと，図7.1のようになります。二項分布は離散的分布であるため，起こる回数 X は図の黒丸のように点々で表されますが，正規分布は連続的分布であるため，滑らかな曲線となります。ま

た，起こる回数 X について二項分布と正規分布による確率 $P(X)$ は n が少ない場合 ($n=6$) にやや差が見られます（図 7.1A）が，n が多い場合 ($n=40$) では差が非常に小さくなることがわかります（図 7.1B）。n がさらに大きくなると，両者の値は限りなく近づき，二項分布において $n \to +\infty$ の極限の分布が正規分布であることがわかります。

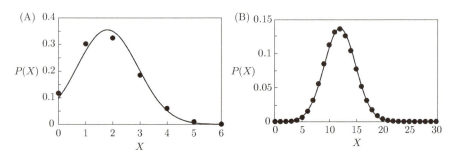

図 7.1　二項分布と正規分布の確率密度関数
(A) 試行回数 n は 6，(B) 試行回数 n は 40
黒丸は二項分布，曲線は正規分布による確率を示します。ただし，ここで 2 つの分布の分散は等しくしてあります。

　正規分布は，ドイツの数学者ガウスの名前をとってガウス分布ともよばれ，いろいろな現象で現れます。正規分布の密度関数は左右対称のベル型（釣鐘型）をしていますが，その分散の大きさによって形は変わります。図 7.2 は正規分布の密度関数の平均をすべて 0 とし，標準偏差（分散の平方根）を 0.5, 1, 2 としたものです。この図でわかるように，標準偏差が大きくなるほどピークが低くて緩やかなベル型となります。ただし，各曲線と X 軸で囲まれた面積はいずれも 1 で変わりません。

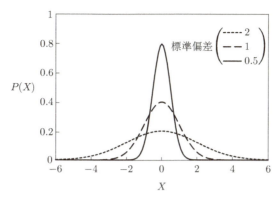

図 7.2　標準偏差の違いによる正規分布の密度関数の形状変化

7.2　中心極限定理

　実験や調査でその特徴を調べようとする対象全体を母集団といいます。ある母集団から取り出した標本について**中心極限定理** (central limit theorem) という重要な定理が成り立ちます。この定理は「母集団がどんな分布であっても，そこから取り出した標本の**平均**（あるいは和）は標本数を十分大きくしたとき正規分布に従う」ことをいいます。つまり，その母集団からある個数の標本を取り出し，その平均を求めるとき，この操作を数多く行うと，その平均はある分布を示しますが，それが正規分布である，ということです。

　中心極限定理は次のようにも表されます。「平均 μ，分散 σ^2 の母集団から n 個の標本 $X_1, X_2, X_3, \cdots, X_n$ を取り出し，その平均 X を求めるとき，この操作を繰り返し行うと，平均 X の分布ができる。このとき，n が大きくなるにつれて X の分布は平均 μ，分散 σ^2/n の正規分布に近づく」。

発　展

　中心極限定理の平均 $E[X]$ および分散 $\sigma^2[X]$ はそれぞれ定義に従い，次のように導くことができます。

$$\begin{aligned}
E[\overline{X}] &= E[(X_1 + X_2 + \cdots + X_n)/n] \\
&= E\left[\left(\frac{X_1}{n} + \frac{X_2}{n} + \cdots + \frac{X_n}{n}\right)\right] \\
&= \frac{1}{n}\{E[X_1] + E[X_2] + \cdots + E[X_n]\} \\
&= \frac{1}{n}(n\mu) = \mu
\end{aligned} \tag{7.2}$$

ただし，$E[X_1] = E[X_2] = E[X_3] = \cdots = \mu$ です．

$$\begin{aligned}
\sigma^2[\overline{X}] &= \sigma^2[(X_1 + X_2 + \cdots + X_n)/n] \\
&= \sigma^2[(X_1/n) + (X_2/n) + \cdots + ((X_1/n)] \\
&= \sigma^2[X_1/n] + \sigma^2[X_2/n] + \cdots + \sigma^2[X_n/n] \\
&= \frac{\sigma^2}{n^2} + \frac{\sigma^2}{n^2} + \cdots + \frac{\sigma^2}{n^2} = \frac{n\sigma^2}{n^2} = \frac{\sigma^2}{n}
\end{aligned} \tag{7.3}$$

ただし，$\sigma^2[X_1/n] = \sigma^2[X_2/n] = \sigma^2[X_3/n] = \cdots = \sigma^2/n^2$ です．

7.3 標準化変換

正規分布の確率密度関数の式 (7.1) の y について，次の変換を考えましょう．

$$z = \frac{y - \mu}{\sigma} \tag{7.4}$$

これを式 (7.1) に代入して計算すると，z は最終的に次の正規分布に従います．

$$g(z) = \frac{1}{\sqrt{2\pi}} e^{-\frac{z^2}{2}} \tag{7.5}$$

式 (7.5) は平均 0，分散 1 の正規分布 $N(0, 1)$ を表し，この正規分布 $N(0, 1)$ を**標準正規分布**とよびます．また，この式 (7.4) の変換を**標準化変換**とよびます．

7.4 正規分布に従う確率変数の存在確率

正規分布 $N(\mu, \sigma^2)$ に従う確率変数 X を考えましょう．この分布の平均 μ から $\pm 1\sigma$ の範囲に確率変数 X が存在する確率は約 68.3% となります．簡単のために標

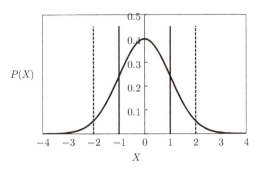

図 7.3　正規分布 $N(0, 1)$ における確率変数の存在確率

準化した正規分布 $N(0, 1)$ でみると，図 7.3 のように表されます。

この図において $X = \pm 1$ の 2 本の直線と正規分布密度関数および X 軸で囲まれた面積は全体の約 68.3% を占めます．すなわち，確率変数 X が -1 と 1 の範囲に存在する確率 $P(-1 \leq X \leq 1)$ は 0.683 と表せます．さらに $X = \pm 2$ の 2 本の点線の間では全体の約 95.4% を占めます．すなわち，$P(-2 \leq X \leq 2) = 0.954$ です．$X = \pm 3$ まで範囲を広げると，約 99.7% となります．正規分布を標準化変換して得られた X の値から X は標準化した正規分布のどの位置にいるかがわかります．

ここで，付録の正規分布表をみてみましょう．表中の列は変数 z の値を示し，第 1 行目の $0, 1, 2, \cdots, 9$ は z の小数点第 2 桁目を示します．この表から該当する z に対して得られた値は図 7.4 に示す正規分布の確率密度曲線で z が正の無限大からその値までに存在する確率（灰色部分の面積）を示します．例えば $z = 0.34$ のとき，

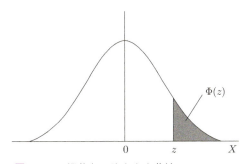

図 7.4　正規分布の確率密度曲線

この表から確率 0.3669 と読み取れます。すなわち，$P(0.34 \leq z < +\infty) = 0.3669$ が得られます。

例題 7.1

ある農場で収穫したきゅうりの長さは平均 23cm，標準偏差 2.7cm です。この農場できゅうりを 1 本収穫するとき，その長さが 27cm を超えている確率を求めなさい。

解答

農場で収穫するきゅうりは数が多く，その長さは正規分布を示すと考えられます。27cm を標準化変換すると，$z = (27 - 23)/2.7 = 1.48$ となります。付録の正規分布表をみると $z = 1.48$ に対して 0.069 が得られます。したがって，そのきゅうりの長さが 27cm を超える確率は 0.069 (6.9%) です。

$\boxed{\text{Ex}}$ エクセル関数を使う場合，=NORM.S.DIST は標準化した z に関して（図 7.4 で示した確率密度関数と逆に）$-\infty$ から積算していくので，=NORM.S.DIST(1.48,TRUE)=0.9306 となり，これを 1 から引くと求める確率 0.069 が得られます。

例題 7.2

健康診断の結果，ある市に住む市民の最高血圧の平均は 121mmHg，標準偏差が 5.9mmHg でした。この市に住む人の最高血圧が 114mmHg 以下である確率を求めなさい。

解答

健康診断を受けた市民の人数は十分多く，最高血圧は正規分布を示すと考えられます。114 を標準化変換すると，$z = (114 - 121)/5.9 = -1.19$ となります。付録の正規分布表をみると正の値の $z = 1.19$ に対して 0.117 が得られます。図 7.4 を見るとわかるように，正規分布のグラフは平均値 0 を中心として左右対称の曲線を描くので，$z = -1.19$ に対しても 0.117 が得られます。した

がって 114mmHg 以下である確率は 0.117（11.7%）です。
$\boxed{\text{Ex}}$ =NORM.S.DIST は標準化した z に関して $-\infty$ から積算していくので，=NORM.S.DIST(−1.19,TRUE) とそのまま −1.19 を代入すると，同じ値 0.117 が得られます。

例題 7.3

公平なコインを 100 回投げたとき，表の出る事象の期待値と分散を求めなさい。また，表の出る回数が 44 回以下である確率を求めなさい。

解答

コインを投げて表の出る事象は確率 0.5 の二項分布に従います。したがって 100 回投げたときに表の出る期待値は $100 \times 0.5 = 50$，分散は $100 \times 0.5 \times (1-0.5) = 25 = 5^2$ と求まります。したがって標準偏差は 5 となります。

投げる回数が 100 回と多いので，この分布は正規分布に従うと考えられます。表が 44 回出る事象を標準化すると，$z = (44-50)/5 = -1.2$ です。付録の正規分布表より，$z = 1.2$ に対して 0.115 が得られ，正規分布関数は平均値に関して左右対称ですから，44 回以下である確率は 0.115 となります。
$\boxed{\text{Ex}}$ =NORM.S.DIST(−1.2,TRUE)=0.115 となります。

問題 7.1 あるクラスでは，期末試験の合計点は平均が 600 点，標準偏差が 100 点でした。この合計点は正規分布に従うとして，以下の問いに答えなさい。(1) 合計点が 585 点以下である生徒は全体の何%ですか。(2) 合計点が 585 点～700 点である生徒は何%ですか。

問題 7.2 公平なサイコロを 100 回投げたとき，5 の目が出る事象の期待値と分散を求めなさい。また，5 の目が出る回数が 25 回以上である確率を求めなさい。

第 8 章

標本と統計量

これまで確率のわかった事象についてその確率の分布を二項分布から始めて正規分布までいくつかみてきました。実際には事象の起こる確率が多く，統計学ではそれを推測して判断していきます。その基礎として，この章では母集団とその標本について説明します。母集団とそこから得た標本について平均や分散などの統計量を比較しながら，両者の特徴を明らかにしていきます。

8.1 母集団と標本

　実験や調査の対象となる一つひとつを**個体** (individual) といい，個体の集合を**母集団** (population) といいます。母集団には個体の数が無限の場合の無限母集団と，有限の場合の有限母集団があります。例えば，ある町の住民の血中コレステロール濃度は有限母集団であり，サイコロを振って出た目の数は無限回振ると考えると無限母集団です。また，実験や調査で取り出した個体の集合を**標本** (sample) といいます。

　統計学は限られた個体の情報から母集団の性質を推定する科学ともいえますので，何を母集団とするかを決めることは非常に重要です。例えば，ある養鶏場で得られた 50 個の鶏卵のデータから，その養鶏場での鶏卵を母集団とすることはできても，日本全国の養鶏場での鶏卵を母集団とすることはできないでしょう。

　母集団の特性を調べるために，その個体すべてを調べることを全数調査といいます。定期的に国が行う国勢調査は全数調査となっていますが，調査に多大の労力，費用がかかることは明白です。一方，中学校のあるクラス（40 人学級）を母集団とし，生徒の身長を考えたとき，全数調査は可能です。無限母集団で全数調査は当然

不可能です。

対象の母集団から一部の個体を取り出し，それから目的の情報を得，その情報から母集団の特性を推測する方法を標本調査といいます。この方法が実際に多く行われています。一般に標本はできるだけ公平に作為のないように抽出します。これを**無作為抽出** (random sampling) とよびます。無作為抽出によって得られた標本を**無作為標本**とよびます。

また，取り出す標本が，例えば市販食品で，その中の保存料 A の濃度を測定するのであれば，その食品試料は測定検査するともう復元できません。貴重な試料であればあるほどその標本の数は限られるなど現実の問題も発生します。そのため，実際にはほとんどの場合，標本調査が行われます。

また，ある母集団からまったく無作為に標本を取り出すことは実際には容易でありません。そのために，例えば標本に 1 から順に番号を付け，乱数表を使って選んだ**乱数**と一致した番号の標本だけを取り出す，などの操作が必要です。乱数とはまったく規則性のない数列です。また，貴重な試料はその標本の個数も限られるため，少数の標本の個数でその母集団を正しく評価するために，サンプリング方法も重要となります。

母集団からの標本抽出はグループに分けて行った方が，その特性がいっそうよく現れる場合があります。例えば，性別，年齢別，地域別などによって標本を分ける方法です。これを**層別抽出法**といいます。グループ内では個体が同質だがグループ間では異質な場合，層別抽出法は母集団の中から無作為に標本を抽出する方法よりかなり良い方法と考えられています。

8.2 統計量の性質

8.2.1 母平均と母分散

多くの母集団はそれ自体が平均と分散をもっており，それらをそれぞれ**母平均**，**母分散**といいます。これらは母集団から取り出した標本から求めた標本平均および標本分散とは区別されます。また，母集団の中である特徴をもった標本が占める割合を**母比率**とよびます。母平均，母分散，母比率など，母集団のもつ特性を表す値を総称して**母数**といいます。（母集団中の標本の数を母数という場合がありますが，これは間違いです。）

ある母集団から n 個の標本 $X_1, X_2, \cdots, X_n$ を無作為に取り出すと，次の式 (8.1) に従ってその平均，すなわち標本平均 $\bar{X}$ を求めることができます。

$$\bar{X} = (X_1 + X_2 + \cdots + X_n)/n \tag{8.1}$$

この操作を繰り返し多数行うと，標本平均 $\bar{X}$ の分布ができます。

このことを，図 8.1 を使ってイメージしてみましょう。図 8.1 ではある母集団から無作為に 4 個ずつの標本を取り出すという試行を 3 回行った結果を示しています。この図には各試行での実際の標本値が示されています。この結果から，各試行での標本平均が得られます。実際に計算すると，試行 I, II, III でそれぞれ 17, 19.5, 24 となります。試行を増やすと標本平均の数は増え続け，標本平均は 1 つの分布を示すことがわかります。したがって，その分布には平均と分散があり，図 8.1 の 3 回の試行例では平均は 20.2, 分散は 8.39 となります。

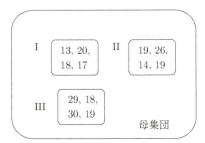

図 8.1　母集団からの標本抽出
ある母集団から 4 個の標本を 3 回取り出した状態を示します。

8.2.2　標本統計量と母数との関係

標本平均 $\bar{X}$ および標本分散 S^2 と母平均 μ および母分散 σ^2 には次の関係がみられます。

1. 標本平均の期待値は，母平均に等しい。

$$E[\bar{X}] = \mu \tag{8.2}$$

発　展

式 (8.2) は次のようにして導き出すことができます。

$$E[\bar{X}] = E\left[\frac{1}{n}(X_1 + X_2 + \cdots + X_n)\right]$$
$$= \frac{1}{n}\{E[X_1] + E[X_2] + \cdots + E[X_n]\}$$
$$= \frac{1}{n}\mu \cdot n = \mu$$

2. 標本平均の分散の期待値は，母分散を標本の個数で割ったものに等しい。ただし，$X_1, X_2, \cdots, X_n$ は互いに独立である。

$$E[(\bar{X} - \mu)^2] = \frac{\sigma^2}{n} \tag{8.3}$$

発　展

式 (8.3) は次のように導き出すことができます。

$$E[(\bar{X} - \mu)^2] = E\left[\left\{\frac{1}{n}(X_1 + X_2 + \cdots + X_n - n\mu)\right\}^2\right]$$
$$= E\left[\frac{1}{n^2}\{(X_1 - \mu) + (X_2 - \mu) + \cdots + (X_n - \mu)\}^2\right]$$
$$= \frac{1}{n^2}\{E[(X_1 - \mu)^2] + E[(X_2 - \mu)^2] + \cdots + E[(X_n - \mu)^2]\}$$
$$= \frac{n\sigma^2}{n^2} = \frac{\sigma^2}{n}$$

母分散を σ^2 としたとき，標本平均の分散は σ^2/n となり，標本平均の分布はその期待値 μ の周りに集中するようになります。これをグラフで示すと図 8.2 のようになります。つまり，$\mu = 2$，$\sigma^2 = 4$ の正規分布を示す母集団から標本 16 個を取り出し，その標本平均を求める操作を数多く行うと，得られた標本平均は期待値 2，分散 $4/16 = 1/4 = (1/2)^2$ の分布を示します。

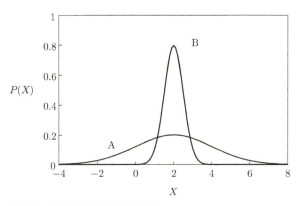

図 8.2 標本平均と標本の分布
A は母集団の分布, B は標本平均の分布 ($n = 16$) を示します。

3. 標本分散の期待値は,母分散の $(n-1)/n$ 倍に等しい。

$$E[S^2] = \frac{n-1}{n}\sigma^2 \tag{8.4}$$

発 展

式 (8.4) は次のように導き出すことができます。

$$\begin{aligned}
S^2 &= \frac{1}{n}\{(X_1-\bar{X})^2 + (X_2-\bar{X})^2 + \cdots + (X_n-\bar{X})^2\} \\
&= \frac{1}{n}[\{(X_1-\mu)-(\bar{X}-\mu)\}^2 + \{(X_2-\mu)-(\bar{X}-\mu)\}^2 \\
&\quad + \cdots + \{(X_n-\mu)-(\bar{X}-\mu)\}^2] \\
&= \frac{1}{n}\{(X_1-\mu)^2 + (X_2-\mu)^2 + \cdots + (X_n-\mu)^2\} \\
&\quad - 2\left\{\frac{1}{n}(X_1+X_2+\cdots+X_n)-\mu\right\}(\bar{X}-\mu) + (\bar{X}-\mu)^2 \\
&= \frac{1}{n}\{(X_1-\mu)^2 + (X_2-\mu)^2 + \cdots + (X_n-\mu)^2\} - (\bar{X}-\mu)^2
\end{aligned}$$

$$\begin{aligned}
E[S^2] &= \frac{1}{n}\{E[(X_1-\mu)^2] + E[(X_2-\mu)^2] + \cdots + E[(X_n-\mu)^2]\} \\
&\quad - E[(\bar{X}-\mu)^2]
\end{aligned}$$

$$= \frac{1}{n}(\sigma^2 + \sigma^2 + \cdots + \sigma^2) - \frac{\sigma^2}{n}$$
$$= \sigma^2 - \frac{\sigma^2}{n}$$
$$= \frac{n-1}{n}\sigma^2$$

　標本平均の分散と標本分散は違うものですので，注意してください。標本平均の分散とは，n 個の標本を取り出しては標本平均を求めるという操作を数多く繰り返したときできる（標本平均の）分布の分散です。一方，標本分散とは，取り出した n 個の標本から求められます。標本分散も数多くの繰り返し操作によって分布ができます。

例題 8.1

　$N(3,2)$ に従う正規母集団から 20 個の標本を抽出し，その平均と分散を求める操作を数多く行うとします。このとき，標本平均の期待値，標本平均の分散，標本分散の期待値をそれぞれ求めなさい。

解答

　標本平均の期待値は式 (8.2) より 3, 標本平均の分散は式 (8.3) より $2/20 = 0.1$ です。また，標本分散の期待値は式 (8.4) より $(20-1)/20 \times 2 = 1.9$ です。

例題 8.2

　倉庫内に数多くのみかんがあり，そこから 5 個ずつ取り出してはその重さの平均と分散を求める測定を多数回行いました。標本分散の期待値が $13^2 \mathrm{g}^2$ であるとき，母標準偏差を求めなさい。ただし，母標準偏差とは母分散の正の平方根です。

> **解答**
>
> 倉庫内のみかん全体が母集団と考えられます。母標準偏差を σ とすると，式 (8.4) より $13^2 = (5-1)/5 \times \sigma^2$ が成り立ちます。したがって $\sigma^2 = 132 \times 5/4$ より，$\sigma = 14.5$g となります。

問題 8.1 ある市の住民を無作為に 9 人ずつ選んでは最高血圧を測定し，その平均と分散を求める操作を数多く行いました。測定した平均の分散が 6^2 (mmHg)^2 のとき，母標準偏差を求めなさい。

問題 8.2 ある市で市民の血液検査を実施しました。毎日 10 検体を無作為に選んで白血球数の平均値を求めた結果，平均が 6100 個/μL で，分散が 98 (個/μL)^2 でした。市民全体を母集団としたとき，その母平均と母分散を求めなさい。

> **コラム**　パレート図

パレート図とは，ある結果に対するいくつか要因をその大きさの順に並べ，重要な要因からピックアップして考えるための手法です。問題解決のために，優先順位などを決める際に有効です。イタリアの経済学者ヴィルフレド・パレートにちなんで名づけられたといわれています。

例えば，ある電気機器についてその故障した部品を調査したところ，表1のようになったとします。

表1　ある電気機器の故障した部品の比率

部品	A	B	C	D	E	計
比率 (%)	11	6	27	39	17	100

この表を比率の高い部品から並べ替えます（表2）。

表2　ある電気機器の故障した部品の比率（順位順）

部品	D	C	E	A	B	計
比率 (%)	39	27	17	11	6	100

並べ替えた順序で積算するとパレート図を描くことができます（図1）。

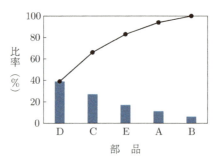

図1　ある電気機器の故障した部品に関するパレート図

棒グラフが各部品の比率を，折れ線が比率を積算した値を示します。

図1をみると，故障原因に占める部品Dの割合が39%，部品DとCを合わせた割合が66%，部品DとCとEを合わせた割合が83%，… となります。したがって，もし部品DとCが完全に改良されれば，故障全体の66%，つまりおよそ2/3がなくなることがわかります。

第 9 章

正規母集団

第 8 章では，母集団とそこから取り出した標本のもつ性質について解説しました。母集団の中で最も基本と考えられる集団が正規母集団です。正規母集団から取り出した標本からその他の標本分布を考えることができます。本章ではこの正規母集団について説明をします。

9.1 正規分布による標準化変換

第 7 章で説明した中心極限定理は次のように表すことができます。「どのような母集団であっても，その母平均 μ と母分散 σ^2 がわかっていれば，標本の個数 n の多い場合，標本平均 $\bar{X}$ はほぼ正規分布 $N(\mu, \sigma^2/n)$ に従う」と考えられます。したがって，標本平均に関して，式 (9.1) に示す標準化変換で求められる Z は正規分布 $N(0,1)$ に従うことになります。

$$Z = \frac{\bar{X} - \mu}{\sigma/\sqrt{n}} \tag{9.1}$$

例題 9.1

ある農園で収穫されるオレンジの重量は平均が 250g，標準偏差が 20g です。この農園のオレンジ全体を母集団と考えたとき，そのなかから 36 個を無作為に抽出したとすると，その標本分布はどのような分布に従うと考えられますか。また，標本平均が 245 g 以下となる確率を求めなさい。

解答

標本の個数は 36 個と多いので，この標本平均は正規分布 $N(250, 20^2/36)$ に従うと考えられます．次に，式 (9.1) による標準化変換を行うと，下のように計算されます．

$$Z = \frac{245 - 250}{20/\sqrt{36}} = \frac{-5}{20/6} = -1.5$$

$P(-\infty < Z \leq -1.5)$ となる確率を求めればよいので，正規分布表から 0.0668，すなわち 6.7% となります．

[Ex] エクセル関数では =NORM.DIST(245,250,3.33,TRUE) または $Z \leq -1.5$ を使って =NORM.S.DIST(-1.5,TRUE) で答えが得られます．ここで =NORM.S.DIST は標準化した正規分布を示します．

母平均はわかっているが母分散がわからない場合は，式 (8.4) を使って母分散は標本分散の期待値 $E[S^2]$ から次のように表せます．

$$\sigma^2 = \frac{n}{n-1} E[S^2] \tag{9.2}$$

したがって，式 (9.2) から母分散の代わりに $(n/n-1)S^2$ を中心極限定理にあてはめることができます．その結果，式 (9.1) に代わって次の標準化変換によって Z は $N(0,1)$ に従うと考えられます．

$$\begin{aligned}
Z &= \frac{X - \mu}{\sigma/\sqrt{n}} = \frac{X - \mu}{(\sqrt{n/n-1} \cdot S)/\sqrt{n}} \\
&= \frac{X - \mu}{S/\sqrt{n-1}}
\end{aligned} \tag{9.3}$$

例題 9.2

例題 9.1 で，母標準偏差がわからず，36 個取り出したときの標本標準偏差が 16g であったとします．このとき，標本平均が 245g 以下である確率はいくらですか．

解答

式 (9.3) より Z は次のように計算されます．

$$Z = \frac{245 - 250}{16/\sqrt{35}} = \frac{-5}{2.70} = -1.85$$

したがって，$P(-\infty < Z \leq -1.85)$ を正規分布表から求めると 0.0322，すなわち 3.2% となります．

[Ex] エクセル関数では $Z \leq -1.85$ を使うと =NORM.S.DIST(−1.85,TRUE) で計算されます．

9.2 正規母集団に基づいた応用例：品質管理

医薬品，食品の製造に関してその**品質管理**は非常に重要です．製品のある指標（例えば重量）について，数多くの測定結果からその平均 μ と分散 σ^2 がわかっているとき，品質管理のため，いくつかの製品を取り出して測定し，異常かどうかを調べます．

n 個の製品を取り出したとき，得られた標本平均 $\bar{X}$ について，その期待値と標準偏差はそれぞれ μ と $\sigma/\sqrt{n}$ です．したがって，$\bar{X}$ が期待値と中心として標準偏差の例えば 3 倍以内に位置するかどうか，すなわち標準化変換して $-3 < Z < 3$ となるかどうかは，その標本平均の値が異常かどうかを判断するときの 1 つの基準となります．この範囲に入る確率 $P(-3 < Z < 3)$ は正規分布表から $1 - 0.00135 \times 2 = 0.9973$ と計算され，99.7% となります．これを品質管理における **3 シグマ限界**といいます．

例題 9.3

製品の品質管理で 3 シグマの代わりに 2.5 シグマを基準としたとき，異常な製品が現れる確率を求めなさい．

解答

標準化変換して $-2.5 < Z < 2.5$ の範囲に入る確率ですから，正規分布表から $0.00621 \times 2 = 0.0124$ と計算され，1.24% となります．

9.3 正規分布の一次結合

確率変数 X_1 と X_2 が互いに独立でそれぞれ正規分布に従っているとき，X_1 と X_2 を合計した変数も正規分布に従います。これを正規分布の**一次結合**といいます。例えば，ある学年で英語と数学の試験の点数がそれぞれ正規分布に従っているとき，両者の合計点の分布も正規分布となります。

一般的には確率変数 X_1 と X_2 が互いに独立でそれぞれ正規分布 $N(\mu_1, \sigma_1^2)$ と $N(\mu_2, \sigma_2^2)$ に従うとき，変数 $X_1 + X_2$ は正規分布 $N(\mu_1 + \mu_2, \sigma_1^2 + \sigma_2^2)$ に従います。実際のグラフで示すと，図 9.1 のようになります。ここでは 2 つの正規分布 $N_1(0.5, 1.2^2)$ と $N_2(2, 1.6^2)$ を考え，それぞれ点線 1 と 2 で表します。それらを一次結合すると，2 つの平均と分散の値から $N(2.5, 2^2)$ となり，それを実線で表します。図からわかるように一次結合の分布は 2 つの正規分布の単なる和の分布ではないことに注意してください。

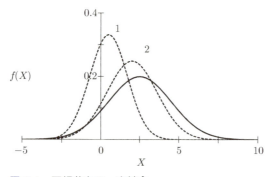

図 9.1 正規分布の一次結合

正規分布の一次結合をさらに n 個の確率変数 X に拡張でき，次の定理が導き出せます。

定理 9.1 母集団が正規分布 $N(\mu, \sigma^2)$ に従うとき，大きさ n の標本を無作為に抽出すると，その標本平均は n が大きくなくても正規分布 $N(\mu, \sigma^2/n)$ に従う。

発 展

ここでは定理 9.1 の導き方を解説しませんが，興味のある方はトライしてみてください。ヒントとしては次の確率変数 Y を考えます。

$$Y = a_1 X_1 + a_2 X_2 + \cdots + a_n X_n \tag{9.4}$$

ここで，$a_1, a_2, \cdots, a_n$ は定数です。このとき，これら定数をすべて $1/n$ とし，一次結合の関係から導き出すことができます。

問題 9.1 例題 9.1 で，36 個を無作為に抽出した標本の平均が 246g 以上 256g 以下となる確率を求めなさい。

問題 9.2 例題 9.2 で，36 個を無作為に抽出した標本の平均が 246g 以上 256g 以下となる確率を求めなさい。

問題 9.3 ある食品工場で作られている製品 A の重さは正規分布を示し，その平均は 520g，分散は 25g^2 です。このとき，無作為に製品 4 個を取り出し，その重さを測った結果，その平均は 530g でした。この測定結果は品質管理上，異常と考えられますか。

コラム　モンテカルロ法

近年のコンピューターの発展は著しいものがありますが，コンピューター内で発生させた乱数を使って複雑な問題も比較的簡単に解くことができます。乱数を用いて問題の数値解を求める方法を一般にモンテカルロ法 (Monte Carlo method) といいます。この方法はコンピューターの生みの親の一人であるフォン・ノイマンが最初に開発した方法といわれています。

モンテカルロ法を使って円周率を求めてみましょう。ここではエクセルを使って説明します。0 から 1 までの範囲で乱数を 300 組発生させます。それを X の組とします。もう 1 度同じ操作をし，それを Y の組とします。エクセル関数では =RAND() を使って乱数を得ます。これで (X,Y) の組が 300 組できます。これらの組を 2 次元座標の点として考えましょう。

次に各組で X^2+Y^2 を計算します。その値が 1 以下であればその組をカウントし，1 を超えた場合はカウントしません。これは図 1 で示すように，X^2+Y^2 が 1 以下の点 (X,Y) は原点を中心として半径 1 の四分円の内側に位置しますが，X^2+Y^2 が 1 を超えた点 (X,Y) はこの四分円の外側に位置します。そこで，1 辺の長さが 1 の正方形全体の点に対する X^2+Y^2 が 1 以下の点 (X,Y) の比率から，円周率が求まります。

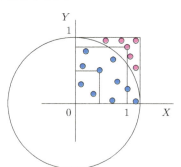

図 1　モンテカルロ法による円周率の計算
青い点は 4 分円の内側に位置する点を，赤い点はその外側に位置します。

実際に図 2 にみられる 300 組の (X,Y) から計算すると，円周率 π（図 2 で

は pi) $= 3.1067\cdots$ という計算結果が得られました．円周率は $3.14159\cdots$ ですから，この例では近い値が得られたことになります．しかし，場合によっては外れた計算結果も出ます．乱数の組をさらに増やせば，より真の値に近い値を得ることができます．

	x	y	x^2+y^2	IF	sum/300	pi =
1	0.471	0.469	0.4425	1	233	3.1067
2	0.986	0.863	1.7171	0		
3	0.234	0.449	0.2568	1		
4	0.825	0.387	0.8306	1		
5	0.96	0.039	0.9223	1		

図 2　エクセルでの円周率の求め方

　実際の計算方法を示すと，図 2 の第 2 列と第 3 列で X および Y をランダムに発生させ，第 4 列でそれらの値から X^2+Y^2 を計算します．第 5 列 IF では $X^2+Y^2 > 1$ の場合を 0，$X^2+Y^2 \leq 1$ の場合を 1 と判定します．最後に，それらの総和を求めます．この例では 300 組中 233 組が $X^2+Y^2 \leq 1$ であったことを示しています．円全体では 4 倍すればよいので，$233/300 \times 4 = 3.1067$ と計算されます．

第 10 章

各種の標本分布

正規分布以外にも正規母集団の標本からはいろいろな分布が作られます。代表的なものに χ^2 分布，F 分布，t 分布があります。この章では，これらの分布について説明していきます。

10.1 χ^2 分布

標準正規母集団 $N(0,1)$ から n 個の標本 X を無作為に取り出すとき，それらの二乗和が示す分布を**自由度** n の χ^2 分布 (χ^2 distribution) といいます。ここで，χ^2 はカイ二乗と読みます。

$$Z = X_1^2 + X_2^2 + X_3^2 + \cdots + X_n^2 \tag{10.1}$$

自由度 (degree of freedom) とは母集団から取り出した標本の大きさに関係する値です。ここで，Z は n 個の自由に動く X から値が決まる関数であるので，自由度は n となります。

実際に χ^2 分布のグラフをみてみましょう。図 10.1 に 3 つの n の値に対する χ^2 分布を示しました。ここで変数 x は式 (10.1) の二乗和 Z を表します。ただし，$x \leq 0$ では確率 $T(x)$ が常に 0 のため図では割愛しました。ここでは n が 2, 3, 5 の場合の分布を示しましたが，一般に左側に歪んだ山型の曲線となります。

χ^2 分布での確率密度の分布をみるため，例として $n = 3$ での χ^2 分布を図 10.2 に表します。付録の χ^2 分布表で，例えば $n = 3$ で $x = 6.25$ の値は 0.1 となりますが，これは x が 6.25 以上の値をとる確率が 0.1 であることを示していて，$P(6.25 \leq x < +\infty) = 0.1$ と表せます。図 10.2 では灰色の部分の面積の比率 (0.1) を表しています。

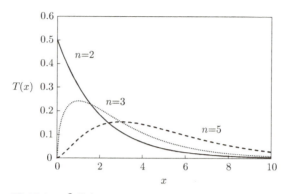

図 10.1 χ^2 分布

変数 x に対する確率 $T(x)$ を表しています。

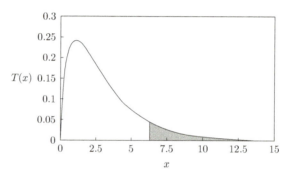

図 10.2 χ^2 分布のグラフ ($n = 3$)

$x \geq 6.25$ の部分を灰色にしてあります。

χ^2 分布は一般の正規分布 $N(\mu, \sigma^2)$ に対して次の定理 10.1 が成り立ちます。

定理 10.1 $N(\mu, \sigma^2)$ に従う正規母集団から大きさ n の標本を無作為に抽出したとき，次の関数 Z は自由度 n の χ^2 分布に従う。

$$Z = \frac{1}{\sigma^2}\{(X_1 - \mu)^2 + (X_2 - \mu)^2 + (X_3 - \mu)^2 + \cdots + (X_n - \mu)^2\} \tag{10.2}$$

例題 10.1

正規母集団 $N(0,1)$ から 12 個の標本を無作為に取り出したとき,その二乗和が 6.3 を超える確率を求めなさい。

解答

この二乗和は自由度 12 の χ^2 分布に従うと考えられます。付録の χ^2 分布表から $n=12$ で二乗和 $t=6.3$ となる値(確率)は 0.9 と読み取れます。この表は正規分布表と同様に,変数 t が $+\infty$ からその値までの確率の総和を示しています(図 10.2 の灰色部分に相当します)。

Ex エクセル関数では =CHISQ.DIST.RT(6.3,12) より 0.9 が得られます。

さらに,母平均の代わりに標本平均を用いると,次の定理が成り立ちます。

定理 10.2 $N(\mu, \sigma^2)$ に従う正規母集団から大きさ n の標本を無作為に抽出したとき,その標本平均 $\bar{X}$ について次の関数 Z は自由度 $n-1$ の χ^2 分布に従う。

$$Z = \frac{1}{\sigma^2}\{(X_1 - \bar{X})^2 + (X_2 - \bar{X})^2 + (X_3 - \bar{X})^2 + \cdots + (X_n - \bar{X})^2\} \tag{10.3}$$

ここで,標本分散 S^2 を次の式で定義します。

$$S^2 = \frac{1}{n}\{(X_1 - \bar{X})^2 + (X_2 - \bar{X})^2 + \cdots + (X_n - \bar{X})^2\}$$

このとき,式 (10.3) は次のように表すことができます。

$$Z = \frac{nS^2}{\sigma^2} \tag{10.4}$$

したがって,次の定理が成り立ちます。

定理 10.3 $N(\mu, \sigma^2)$ に従う正規母集団から大きさ n の標本を無作為に抽出したとき,式 (10.4) で表される Z は自由度 $n-1$ の χ^2 分布に従う。

また,第 9 章で解説した定理 9.1 から,標本平均について次の定理が成り立ちます。

定理 10.4　$N(\mu, \sigma^2)$ に従う正規母集団から大きさ n の標本を無作為に抽出したとき，その標本平均 $\bar{X}$ について次の関数 Z は自由度 1 の χ^2 分布に従う。
$$Z = \frac{n}{\sigma^2}(\bar{X} - \mu)^2 \tag{10.5}$$

χ^2 分布は正規分布と同様に一次結合ができます。つまり，標本 X と Y が独立でそれぞれ自由度 m と n の χ^2 分布に従うとき，両方の和である $X + Y$ は自由度 $m + n$ の χ^2 分布に従います。

10.2　F 分布

F 分布 (F distribution) は χ^2 分布に従う 2 つの標本の比に関する分布です。次の定理が成り立ちます。

定理 10.5　χ^2 分布に従う 2 つの標本 X_1 と X_2 の自由度がそれぞれ m と n であるとき，X_1/m と X_2/n の比は自由度 (m, n) の F 分布に従う。
$$X = \frac{X_1/m}{X_2/n} \tag{10.6}$$

さらに，母分散の等しい 2 つの正規母集団からそれぞれ標本を取り出したとき，次の定理が成り立ちます。

定理 10.6　母分散の等しい 2 つの正規母集団からそれぞれ大きさ m と n の標本 $X_1, X_2, \cdots, X_m$ と標本 $Y_1, Y_2, \cdots, Y_n$ を無作為抽出し，その標本分散 S_m^2 と S_n^2 をつくるとき，次の X は自由度 $(m-1, n-1)$ の F 分布に従う。
$$X = \frac{m(n-1)S_m^2}{n(m-1)S_n^2} \tag{10.7}$$

発　展

定理 10.6 は母分散の等しい 2 つの正規母集団からそれぞれ大きさ m と n の標本を無作為抽出し，その標本分散 S_m^2 と S_n^2 をつくるとき，定理 10.3 を式

(10.6) にあてはめると次の式 (10.8) が得られます。この式を整理すると，式 (10.7) が得られます。

$$X = \frac{m(S_m^2/\sigma^2)/(m-1)}{n(S_n^2/\sigma^2)/(n-1)} \tag{10.8}$$

F 分布のグラフを描くと図 10.3 のようになります。これは自由度 (6, 10) での F 分布です。右側のすそ野の広い山型の曲線を示し，図 10.2 で示した χ^2 分布の形と似ています。図 10.3 で x が 2 以上の値をとる確率（図の灰色の部分）は 0.159 となり，$P(2 \leq x \leq +\infty) = 0.159$ と表します。

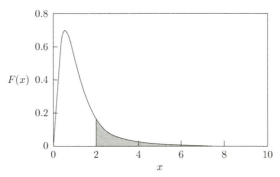

図 10.3 　F 分布［自由度 (6,10)］のグラフ
ここでは $x \geq 2$ の部分を灰色で示しています。

例題 10.2

母分散の等しい 2 つの正規母集団から，それぞれ 8 個と 6 個の標本を無作為抽出した結果，その標本分散は 7.3 と 5.7 でした。このような結果が生じる確率は 5%より大きいですか。

解答

$m = 8$ および $n = 6$，$S_m^2 = 7.3$ と $S_n^2 = 5.7$ として，式 (10.7) を適用する

と，$X = (8 \times 5 \times 7.3)/(6 \times 7 \times 5.7) = 1.22$ が得られます．一方，定理 10.6 より F は自由度 $(7,5)$ の F 分布に従うため，F 分布表 (5%) から 4.88 が得られます．F 分布のグラフ（図 10.3）からわかるように $X = 1.22$ は確率 5% の領域 ($X \geq 4.88$) よりさらに内側（$X = 0$ に近い）にあるため，この結果が表れる確率は 5% より大きいといえます．

$\boxed{\text{Ex}}$ エクセル関数を使うと，=F.DIST.RT(1.22,7,5)=0.428 すなわち，$P(1.22 \leq X < +\infty) = 43\%$ であることがわかります．

定理 10.3 と定理 10.4 を F 分布の 2 つの比率に適用すると，次の定理が導かれます．

定理 10.7 正規母集団 $N(\mu, \sigma^2)$ から大きさ n の標本を無作為抽出し，その標本平均と標本分散をとる．このとき次の X は自由度 $(1, n-1)$ の F 分布に従う．

$$X = \frac{(n-1)(\bar{X} - \mu)^2}{S^2} \tag{10.9}$$

例題 10.3

母平均が 7.1 の正規母集団から 10 個の標本を無作為抽出した結果，標本平均が 6.2，標本分散が 6.6 でした．このような結果が生じる確率は 5% より小さいですか．

解答

式 (10.9) を適用すると $X = (10-1) \times (6.2 - 7.1)^2/6.6 = 1.10$ を得ます．X は定理 10.7 より自由度 $(1,9)$ の F 分布に従うため，F 分布表 ($\alpha = 0.05$) から 5.12 が得られます．$X = 1.10$ は確率 5% の領域 ($X \geq 5.12$) よりさらに内側にあるため，この結果が表れる確率は 5% より大きいといえます．

$\boxed{\text{Ex}}$ エクセル関数を使うと，=F.DIST.RT(1.10,1,9)=0.322 すなわち，$P(1.9 \leq X < +\infty) = 32\%$ であることがわかります．

X を自由度 (m, n) の F 分布に従う確率変数としたとき，X がある値から $+\infty$ までの範囲で起きる確率が a となるような値を $F_{m,n}(a)$ とします。すなわち，$P(X \geq F_{m,n}(a)) = a$ と表せます。このとき，次の定理が成り立ちます。

定理 10.8 X を自由度 (m, n) の F 分布に従う確率変数とする。$P(X \geq F_{m,n}(a)) = a$ のとき，$F_{m,n}(a) = 1/F_{n,m}(1-a)$ が成立する。

この定理を図 10.3 を使って説明すると，ここでは $F_{m,n}(a) = F_{6,10}(0.159) = 2$ です。次に，$F_{n,m}(1-a) = F_{10,6}(0.841)$ となります。この値を実際に求めると $F_{10,6}(0.841) = 0.5$ となります。図 10.4 の灰色の部分 $(0.5 \leq x \leq +\infty)$ の面積が 0.841 です。つまり，$P(0.5 \leq X \leq +\infty) = 0.841$ です。この定理の式の右辺は $1/F_{n,m}(1-a) = 1/0.5 = 2$ となり，確かに左辺の値 $F_{m,n}(a) = 2$ と等しいことがわかります。

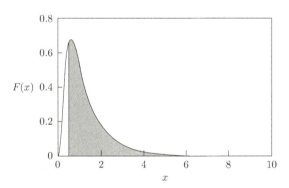

図 10.4 $F_{10,6}$ のグラフ
ここでは $x \geq 0.5$ の部分を灰色で示しています。

この定理を使うと，F 分布表の値を使って，表には載っていない値を求めることができます。次の例題で確かめましょう。

例題 10.4

次の値を求めなさい。(1) $F_{6,10}(0.05)$, (2) $F_{2,5}(0.95)$

解答

(1) F 分布表 ($\alpha = 0.05$) から $F_{6,10}(0.05)$ は $(m,n) = (6,10)$ の値 3.22 が得られます。
　　Ex　エクセル関数では =F.INV.RT(0.05,6,10)=3.22 となります。

(2) $F_{2,5}(0.95)$ は F 分布表にはありませんから，定理 10.8 より $F_{5,2}(0.05)$ の値を求めます。F 分布表 ($\alpha = 0.05$) から $F_{5,2}(0.05) = 19.3$ が得られます。したがって，$F_{2,5}(0.95) = 1/19.3 = 0.052$ となります。
　　Ex　エクセル関数では =F.INV.RT(0.95,2,5)=0.052 と直接求められます。

10.3　t 分布

t 分布 (t distribution) は自由度 $(1, n)$ の F 分布と本質的に同一です。自由度 $(1, n)$ の F 分布に従う変数 X の平方根 T を考えたものです。t 分布は実際の統計処理で特に標本の個数が少ない場合によく使われます。t 分布について次の定理が F 分布の定理 10.7 から導き出されます。

定理 10.9　正規母集団 $N(\mu, \sigma^2)$ から大きさ n の標本を無作為抽出し，その標本平均と標本分散をとるとき，次の T は自由度 $n-1$ の t 分布に従う。

$$T = \frac{\sqrt{n-1}(\bar{X} - \mu)}{S} \tag{10.10}$$

ここで $X = T^2$ が成り立ちます（定理 10.7 参照）。

例題 10.5

母平均が 7.1 の正規母集団から 10 個の標本を無作為抽出した結果，標本平

均が 6.2，標本分散が 6.6 でした．このような結果が生じる確率は 5% より小さいですか（例題 10.3）を t 分布を用いて解きなさい．

解答

定理 10.9 より $T = \sqrt{(10-1)} \times (6.2 - 7.1)/\sqrt{6.6} = -1.05$ と計算されます．t 分布表 ($\alpha = 0.05$) で $n = 9$ のとき $T = 2.26$ です．$T = -1.05$ は -2.26 と $+2.26$ の間に位置するため，5% より大きいといえます．ここで，$X = T^2 = 1.10$ が成り立ちます．

Ex エクセル関数を使うと =T.DIST(−1.05,8,TRUE)=0.162 となり，この事象が起きる確率は 16% であることがわかります．

t 分布のグラフは図 10.5 のように $x = 0$ を中心とした左右対称のベル型となります．χ^2 分布や F 分布のように左右非対称な形状にはなりません．t 分布の密度関数は正規分布よりもややなだらかな曲線を描きます．また，図 10.5 に示すように標本の個数を大きくしていく（すなわち自由度を大きくしていく）と，標準正規分布に近づくことがわかります．

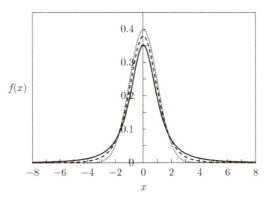

図 10.5 t 分布および正規分布のグラフ

最も内側の実線は t 分布（自由度 2），破線は t 分布（自由度 5），最も外側の点線は標準正規分布のグラフを示します．

t 分布においてある値以上の x に対してそれが起こりうる確率を図 10.6 に示します。例として $x = 2$ 以上の部分を灰色にしてあります。灰色の面積は 16% です。つまり，$P(2 \leq x \leq +\infty) = 0.16$ と表せます。

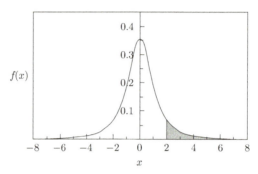

図 10.6　t 分布（自由度 2）のグラフ
$x \geq 2$ の部分を灰色にしてあります。

問題 10.1　正規母集団 $N(0, 1)$ から 15 個の標本を無作為に取り出したとき，その二乗和が 25.0 を超える確率を求めなさい。

問題 10.2　A 社が大量に購入した鶏卵の重さが正規分布に従うとします。鶏卵 10 個を無作為に取り出しては重さの標本分散 S^2 を得る操作を何回も行ったとき，S^2 の値が 1.2 を超える場合が 10 回中 1 回の割合で起きました。このときの母分散を求めなさい。

問題 10.3　農場 A と B から出荷するリンゴの重量の母分散が等しいとき，A から 4 個，B から 8 個無作為に取り出しました。重量を調べた結果，A の標本分散は B の標本分散の 5 倍の値になりました。このような結果となる確率は 5% より小さいですか。

問題 10.4 ある昆虫を多数採集し，その体長を測定した結果，母平均が 3.4cm の正規分布を示しました。この母集団から 6 匹の標本を無作為抽出した結果，標本平均が 3.8cm，標本分散が 0.64cm² でした。このような結果が生じる確率は 5%より小さいですか。t 分布を用いて解きなさい。

推 定

測定および調査で得られたデータ,すなわち標本から,母集団の特徴を表す母平均,母分散などの母数を推定することを統計的推定 (statistical estimation) とよびます。第 12 章以降で説明する検定とともに,統計的推定は統計学において実際に使われる重要な手法の一つです。本章ではこの統計的推定について説明します。統計的推定には点推定と区間推定があります。

11.1 点推定

点推定 (point estimation) では母数の推定値を,「母平均の推定値は 365g である」というように特定の値で示します。また,母集団の特徴を表す母平均 μ や母分散 σ^2 などの母数が標本から期待値として推定されるとき,その推定された統計量を**不偏推定量**といいます。つまり,標本平均を $\bar{X}$,標本分散を S^2 とすると,第 10 章までの説明から次のように不偏推定量が得られます。

$$母平均 \mu \text{ の不偏推定量} = \bar{X} \tag{11.1}$$

$$母分散 \sigma^2 \text{ の不偏推定量} = \frac{n}{n-1} S^2 \tag{11.2}$$

なお,$\bar{X}$ と S^2 には標本から次の式を用いて得られた値(すなわち標本値)である $\bar{x}$ と s^2 の値を使います。

$$\bar{x} = (x_1 + x_2 + \cdots + x_n)/n \tag{11.3}$$

$$s^2 = \frac{1}{n}\{(x_1 - \bar{x})^2 + (x_2 - \bar{x})^2 + \cdots + (x_n - \bar{x})^2\} \tag{11.4}$$

例題 11.1

ある青果店で売っているリンゴのうち 10 個の重さ (g) を測った結果，次のとおりでした．

278　256　290　299　279　266　287　299　258　288

この店のリンゴ全体を母集団とし，これらの標本から母平均，母分散の不偏推定量を求めなさい．

解答

実際の標本値から式 (11.3) と (11.4) を用いて $\bar{x} = 280$ と $s^2 = 219.6$ が計算されます．次に，式 (11.1) と (11.2) を用いて母平均の不偏推定量は 280g，母分散の不偏推定量は $10/9 \times 219.6 = 244\text{g}^2$ となります．

$\boxed{\text{Ex}}$ エクセル関数では =AVERAGE() で標本平均が =VAR.P() で偏差の二乗和が得られます．=VAR.S() および =VARA() で母分散の不偏推定量が得られます．また，=STDEV.S() で標準偏差の不偏推定量が得られます．なお，=VAR.P() は標本分散を計算します．

母集団の分布を表す関数がわかっている場合，母集団から得た標本値を使って母数を推定する方法を**最尤推定**(maximum likelihood estimation) といいます．次の例で考えてみましょう．

ポアソン分布に従う母集団から，無作為に 3 つの標本を取り出し，x_1, x_2, x_3 の 3 つの値を得たときの母平均を推定します．これは母集団から独立に 3 つの確率変数を取り出したと考え，それらが x_1, x_2, x_3 の値をとる確率を L とします．式 (11.5) で表されるように，この確率は 3 つのポアソン分布の式の積になります．

$$L = e^{-\mu}\frac{\mu^{x_1}}{x_1!} \cdot e^{-\mu}\frac{\mu^{x_2}}{x_2!} \cdot e^{-\mu}\frac{\mu^{x_3}}{x_3!} = e^{-3\mu}\frac{\mu^{x_1+x_2+x_3}}{x_1!x_2!x_3!} \tag{11.5}$$

L を μ の関数 $L(\mu)$ と考え，L を最大にする μ を求めます．このように推定値を求めるための関数を**尤度関数** (likelihood function) とよびます．尤度とは尤もらしさの度合いを示すものです．つまり最尤推定では尤度関数が最大となるような変

数（ここでは μ）の値を求めます。関数 L の最大値を求めるため，L を変数 μ で微分すると，最終的に次のように表せます。（興味のある読者は実際に計算してみてください。）

$$dL/d\mu = \frac{L}{\mu}(-3\mu + x_1 + x_2 + x_3) \tag{11.6}$$

式 (11.6) を 0 にする μ の値は，右辺のカッコに囲まれた部分の値を 0 にすればよいので，次のようになります。

$$dL/d\mu = 0 \Rightarrow \mu = \frac{1}{3}(x_1 + x_2 + x_3) \tag{11.7}$$

式 (11.6) において $\mu < (x_1+x_2+x_3)/3$ のとき $dL/d\mu > 0$, $\mu > (x_1+x_2+x_3)/3$ のとき $dL/d\mu < 0$ です。したがって微分で使う増減表で考えると，$\mu = (x_1+x_2+x_3)/3$ のとき L の値は極大，つまりここでは最大となることがわかります。以上から，$\mu = (x_1 + x_2 + x_3)/3$ が母平均と推定されます。

この方法で得られた推定値を最尤推定量といいます。この例では不偏推定量と最尤推定量は一致しましたが，両者が一致しない場合もあります。

11.2 区間推定

区間推定 (interval estimation) では，未知母数 θ がある確率で区間 $\theta 1$ と $\theta 2$ の間に存在すると考えます。この確率を**信頼水準** (confidence level)，$\theta 1$ と $\theta 2$ を**信頼限界**，$\theta 1$ から $\theta 2$ までの区間を**信頼区間**といいます。

11.2.1 母平均の推定

A. 母分散が既知の場合

正規母集団 $N(\mu, \sigma^2)$ から大きさ n の標本を無作為抽出して標本平均 $\bar{X}$ を得たとします。このとき，母分散が既知として母平均 μ を信頼水準 γ で区間推定してみましょう。

その標本平均 $\bar{X}$ は $N(\mu, \sigma^2/n)$ に従うので，次の式を使って標準化変換した Z は $N(0,1)$ に従います。

$$Z = \frac{\bar{X} - \mu}{\sigma/\sqrt{n}} \tag{11.8}$$

Z は $z = 0$ を中心とした左右対称のベル型曲線を示しますから，信頼水準 γ から決まる信頼限界 $-z_1$ と z_1 を使って母平均を推定できます。したがって次の関係が成り立ちます。

$$-Z_1 < \frac{\bar{X} - \mu}{\sigma/\sqrt{n}} < Z_1 \tag{11.9}$$

この式から μ について次の式が導き出されます.

$$\bar{X} - \frac{\sigma}{\sqrt{n}} Z_1 < \mu < \bar{X} + \frac{\sigma}{\sqrt{n}} Z_1 \tag{11.10}$$

信頼水準は,確率密度曲線と直線 $-Z_1$ と Z_1 で囲まれた灰色の部分の面積にあたります(図 11.1).この図のように信頼水準 γ を 90% と決めると,正規分布表から $Z_1 = 1.65$ が得られます.なお,図の左右両側にある白色部分の面積(各 5%)の和が 10% となります.信頼水準が 95% のときは $Z_1 = 1.96$ となります.

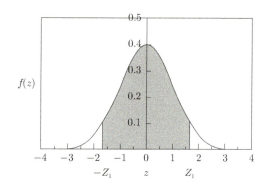

図 11.1　正規分布における信頼水準と信頼限界
信頼水準を 90% としたときの信頼限界 $-Z_1$ から Z_1 までを灰色で示してあります.このとき $Z_1 = 1.65$ です.

式 (11.10) に $\bar{X}$, σ, Z_1 および n の値をそれぞれ代入すれば,母平均 μ の区間推定ができます.

例題 11.2

ある青果店で売っているリンゴのうち 10 個の重さ (g) を測った結果は例題 11.1 のとおりでした.これらの標本から母平均の信頼区間を信頼水準 95% で推定しなさい.ただし,母分散は 196g^2 とします.

解答

信頼水準 95% から $Z_1 = 1.96$ です。式 (11.10) に $\bar{X} = 280$, $\sigma = \sqrt{196} = 14$, $n = 10$ を代入して計算すると，信頼区間は $271 < \mu < 289$ となります。

B. 母分散が未知の場合 (1)： F 分布を用いた推定

母分散 σ^2 が未知の場合は σ の値がわからないので，式 (11.10) が使えません。その場合は，第 10 章の定理 10.7 を使います。もう一度この定理を示します。

定理 10.7 正規母集団 $N(\mu, \sigma^2)$ から大きさ n の標本を無作為抽出し，その標本平均と標本分散をとる。このとき次の X は自由度 $(1, n-1)$ の F 分布に従う。
$$X = \frac{(n-1)(\bar{X} - \mu)^2}{S^2}$$

自由度 $(1, n-1)$ の F 分布は左右非対称で右になだらかな曲線を描きます。信頼水準を γ としたとき，図 11.2 に示すようにその曲線で $0 < X \leq x_1$ に相当する面積が信頼水準，すなわち，$P(0 < X \leq x_1) = \gamma$ となるような x_1 を求めます。その結果，次の関係が成り立ちます。

$$\frac{(n-1)(\bar{X} - \mu)^2}{S^2} < x_1 \tag{11.11}$$

μ についてこの式を解くと，次の信頼区間が得られます。

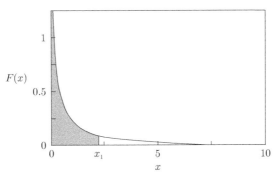

図 11.2 F 分布による母平均の推定

$$\bar{X} - \frac{S\sqrt{x_1}}{\sqrt{n-1}} < \mu < \bar{X} + \frac{S\sqrt{x_1}}{\sqrt{n-1}} \tag{11.12}$$

式 (11.12) に $\bar{X}$, S, x_1 および n の値をそれぞれ代入すれば，μ の区間推定ができます。

例題 11.3

例題 11.1 の 10 個のリンゴについて母分散の値がわからないとき，母平均の信頼区間を信頼水準 95% で推定しなさい。ただし，式 (11.12) を用いること。

解答

式 (11.12) に，$\bar{X} = 280$ と $S^2 = 219.6 = 14.8^2$, $n = 10$ を代入します。x_1 は自由度 $(1, 9)$ の F 分布表 (95%) から 5.12 と得られます。これらの数値を代入すると，$269 < \mu < 291$ が得られます。

C. 母分散が未知の場合 (2)：t 分布を用いた推定

自由度 $(1, n-1)$ の F 分布は，自由度 $n-1$ の t 分布で置き換えられるので，t 分布でも区間推定してみましょう。t 分布は平均値 $t = 0$ を中心にして左右対称のベル型曲線を示しますから，$t = -t_1$ と t_1 の間の部分の面積が信頼水準 γ となるような $t_1 (> 0)$ の値を求めればよいわけです。t 分布表を使って t_1 の値を求めると，次の関係が成り立ちます。

$$-t_1 < \frac{\sqrt{n-1}(\bar{X} - \mu)}{S} < t_1 \tag{11.13}$$

μ について解くと，次の式になります。

$$\bar{X} - \frac{St_1}{\sqrt{n-1}} < \mu < \bar{X} + \frac{St_1}{\sqrt{n-1}} \tag{11.14}$$

この範囲が信頼区間となるので，式 (11.14) に $\bar{X}$, S, t_1 および n の値をそれぞれ代入すれば，μ の区間推定ができます。

例題 11.4

例題 11.1 で前述した 10 個のリンゴについて母分散の値がわからないとき，母平均の信頼区間を信頼水準 95% で推定しなさい。ただし，式 (11.14) を用い

ること。

解答

式 (11.14) に，$\bar{X}=280$, $S^2=219.6=14.8^2$, $n=10$ を代入します。t_1 の値は自由度 9 の t 分布表 (95%) から 2.26 と得られます。これらの数値を代入すると $269 < \mu < 291$ が得られます。例題 11.3 と同じ信頼区間が得られました。

11.2.2 母分散の推定

正規母集団 $N(\mu, \sigma^2)$ から大きさ n の標本を無作為抽出し，その標本分散から母分散を信頼水準 γ で区間推定してみましょう。そのために，第 10 章で解説した定理 10.3 が必要です。もう一度この定理を示します。

定理 10.3 $N(\mu, \sigma^2)$ に従う正規母集団から大きさ n の標本を無作為に抽出したとき，次の式で表される Z は自由度 $n-1$ の χ^2 分布に従う。

$$Z = \frac{nS^2}{\sigma^2}$$

母分散を推定するには，図 11.3 に示すように χ^2 分布の確率密度曲線と直線 $x=x_1$ と $x=x_2$ で囲まれた灰色の部分の面積が信頼水準となるような x_1 と x_2 の値を求めればよいわけです。ただし，灰色部分の左右両側の部分（ともに白抜き部分）である $0 < x \le x_1$ の範囲と $x_2 \le x < +\infty$ の範囲の面積は等しくします。すなわち，各面積がともに $(1-\gamma)/2$ となるように x_1 と x_2 の値を決めます。

その結果，図 11.3 で示した変数 $x(=nS^2/\sigma^2)$ について次の式が成り立ちます。

$$x_1 < \frac{nS^2}{\sigma^2} < x_2 \tag{11.15}$$

σ^2 について解くと次の式が得られ，この範囲が母分散の信頼区間となります。

$$\frac{nS^2}{x_2} < \sigma^2 < \frac{nS^2}{x_1} \tag{11.16}$$

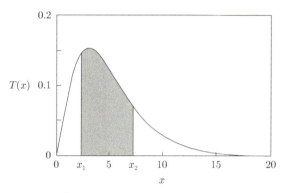

図 11.3　χ^2 分布による母分散の推定

灰色部分の面積に対する比率が信頼水準 γ になるように，x_1 と x_2 の値を決めます。

例題 11.5

例題 11.1 の 10 個のリンゴについて，母分散の信頼区間を信頼水準 95％で推定しなさい。

解答

式 (11.16) に，$S^2 = 219.6$, $n = 10$ を代入します。信頼水準 95％ですから，図 11.3 の白抜き部分がそれぞれ 2.5％となるような，すなわち図 11.3 において x が $+\infty$ から積算して 97.5％と 2.5％となる x_1 と x_2 を χ^2 分布表から読み取ります。その結果，自由度 9 で x_1 と x_2 は 2.70 と 19.0 となります。これらの数値を代入すると，$116 < \sigma^2 < 815$ と推定されます。

問題 11.1 ある母集団から標本を 10 個無作為に取り出したとき，その標本平均が 4.5，標本分散が 1.6 でした．母平均と母分散の不偏推定量を求めなさい．

問題 11.2 数多く飼育している実験用マウスから任意に 10 匹を取り出し，その重さ (g) を測った結果，次のようになりました．

  20 18 25 25 20 26 21 18 24 28

この結果から，母平均と母分散の不偏推定量を求めなさい．

問題 11.3 問題 11.2 において，母分散の値がわからないとき，母平均の信頼区間を信頼水準 95% で推定しなさい．

問題 11.4 問題 11.2 において，母分散の値がわからないとき，母分散の信頼区間を信頼水準 95% で推定しなさい．

コラム　エクセルを使った関数の最大値，最小値の求め方

　最尤推定で尤度関数における最大値を求めるために，微分を使います。エクセルで「ソルバー」という機能を使うことによって，簡単に関数の最大値または最小値を求められる場合があります。なお，ソルバーを使ためには，エクセルの「ファイル」→「オプション」→「アドイン」と進み，「ソルバーアドイン」をセットアップする必要があります。

　例えば関数が次の式 (11.17) のように，上に凸の放物線を描く場合を考えてみましょう。この関数を最大にする x の値は図1のようにエクセルシート上で，まず図の左側に x の値を入れるセルと図の右側にそれを使って $f(x)$ を計算するセルを作ります。

$$f(x) = -x^2 - 0.8x + 2 \tag{11.17}$$

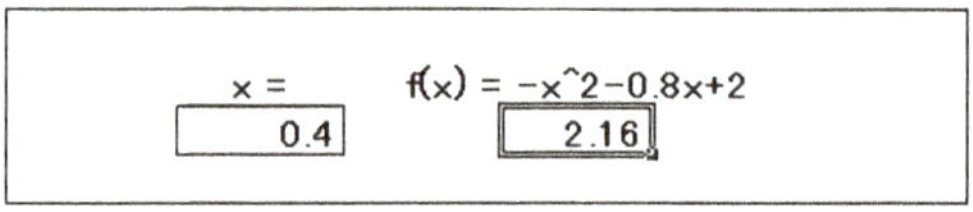

x =	f(x) = -x^2-0.8x+2
0.4	2.16

図1　エクセルシート上の計算式

　次に，「データ」からソルバーを選ぶと図2のようなテーブルが現れます。ここで，「目的セルの設定」には最大にしたい計算式 $f(x)$ を入力したセルを，「変数セルの変更」には x の数値を入力したセルを指定します。目標値は「最大値」を選びます。

　「制約条件の対象」は x についての条件，例えば0以上および1以下を指定します。図1の x のセルには，仮の値として0以上1以下の適当な値を入れておきます（図1では0.4としました）。最後に「解決」をクリックすると瞬時に解答が得られます（図1の場合は $x=0.4$ のとき最大値2.16となる）。

図2　ソルバーの入力画面

第12章

検定(1)：統計的仮説，両側・片側検定

標本から母数を推定する統計的推定のほかに，もう一つの代表的な統計学的手法として検定があります。これは最初に仮説を立てて，その仮説が正しいか否かを確率に基づいて判断する方法です。検定は実験や調査で得られたデータ（標本）を比較する際，よく使われます。この章ではまず検定の基礎を説明します。

12.1 検　定

12.1.1 統計的仮説

　ある母集団の未知の母数について統計的仮説 (statistical hypothesis) を立て，それをもとに得られた統計量の推定値を確率的に判定し，採択あるいは棄却することを**検定** (test) といいます。ここで，**統計量**とはこれまで解説してきた Z 値や T 値などの確率変数を指し，特に検定統計量ともいいます。この検定統計量の推定値が確率的にほとんど起こり得ない範囲（これを**棄却域**といいます）の値ならば，その仮説は棄却します。逆にその推定値が確率的によく起こりうる範囲にあれば，仮説を棄却できません（採択といいます）。

　検定する際の基準を**有意水準** (significance level) あるいは**危険率**といいます。通常 α で表し，5%または1%が一般に使われます。検定は確率に基づいて判定しますので，判定に誤りが生じる可能性はあります。その誤りが生じる可能性を有意水準（あるいは危険率）というわけです。

　最初に立てた統計的仮説に対立する仮説を**対立仮説**とよびます。また，仮説が採

択されても確率に基づいて判定なので，仮説が完全に正しいとはいえません。厳密には「仮説が正しくないとはいえない」を意味します。

検定は，例えばA社とB社の蛍光灯の寿命を客観的に比較する場合に有効な手段となります。しかし，例えば，実験の結果，2つのグループAとBを検定して統計学的に差（有意差ともいいます）があった場合も，「だからAがBの原因になった（またはその逆）」などと2つのグループを因果関係で結びつけることはできません。

12.1.2 検定の手順

ここで検定の手順の概略を説明します。

① 仮説 H_0 を立てます。例えば，「試料 a は集団 G に属する」を仮説 H_0 とします。
② 有意水準（または危険率）を決めます。ここでは5%としましょう。
③ 検定統計量を計算します。ここでは試料 a の検定統計量を A とします。
④ 判定をします。この例では集団は正規分布に従うとします。正規分布で棄却域は両側にあるため，片側に2.5%ずつとなります（図12.1）。図に示すように，$A=A_1$ となったとき，A は棄却域に入らないので，H_0 は採択されます。一方，$A=A_2$ となったとき，A は棄却域に入るので，H_0 は棄却されます。すなわち，「a は集団 G に属さない」となります。このように統計量（ここでは A_1 と A_2）と棄却域の位置関係を正しく理解することが重要なポイントです。

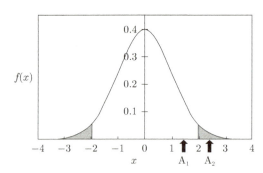

図 12.1 棄却域

この例では片側2.5%ずつ，両側で計5%を棄却域（灰色部分）とします。曲線は標準化した正規分布を示します。

上述したように,「仮説が採択される」場合,「完全に仮説が正しい」とはいえません。統計的仮説は確率によって棄却されたとき明確な意味をもちます。このような仮説を**帰無仮説** (null hypothesis) といいます。

検定は仮説がよく起こりうる範囲にあるか否かを確率に基づいて推定して判定するため、判定に誤りをおかす可能性が常にあります。その誤りには次の 2 種類があります。

第 1 種の誤り：仮説が正しいにもかかわらず，それを棄却する誤り。
　　　　　　　この誤りをおかす確率が上述した有意水準（あるいは危険率）です。
第 2 種の誤り：対立仮説が正しいにもかかわらず，仮説のほうを採択する誤り。

12.1.3　片側検定と両側検定

帰無仮説を検定するときはその対立仮説を常に考えるのですが，判定する棄却域に注意が必要です。対立仮説で 2 つの集団のある統計量（例えば平均）の大小関係を判定する場合は**片側検定** (one-sided test) を，統計量が等しいかどうかを判定するときは**両側検定** (two-sided test) をします。片側検定では棄却域はその分布の片方にのみありますが，両側検定では分布の両端にあります。例えば，帰無仮説 H_0 を「母平均 μ は 1.0 である」としたとき，「$\mu < 1.0$」または「$\mu > 1.0$」を対立仮説とおく場合は片側検定を，「μ は 1.0 ではない」を対立仮説とおく場合は両側検定をします。通常は両側検定を行います。

例題 12.1

あるサイコロを 300 回振ったところ，2 の目が 36 回出ました。

① このサイコロは正常な（偏りのない）サイコロですか？
② このサイコロは 2 の目が出にくいといえますか？

ただし，危険率 5%とします。

解答 ①

帰無仮説として，H_0：「このサイコロは正常である」を立てます。すなわち，このサイコロで 2 の目が出る確率を p とすると，H_0 は「$p = 1/6$ である」で

12.1　検　定　　121

す．対立仮説 H_1 は「p は 1/6 でない」となります．したがって，両側検定を行うことになります．

帰無仮説 H_0 のもとで，2 の目が出る回数 X は二項分布 $Bin(300, 1/6)$ に従います．したがってその平均と分散は次のように求められます．

$$\mu = np = 300/6 = 50$$
$$\sigma^2 = np(1-p) = 300 \times (1/6) \times (5/6) = 41.67 = 6.45^2$$

サイコロを振る回数は 300 回と多いので，これは正規分布とみなせます．したがって，次の標準化変換をすれば Z は $N(0,1)$ に従います．

$$Z = \frac{X - \mu}{\sigma}$$

$X = 36$ を代入すると $Z = -2.17$ となります．標準化した正規分布関数曲線で，両端の棄却域の面積の和が 5% となるのは $Z = 1.96$ のときです（正規分布表参照）．$Z = -2.17 < -1.96$ より，図 12.1 で示されるように Z の値は棄却域に入るため，帰無仮説 H_0 は棄却されます．すなわち，危険率 5% でこのサイコロは正常とはいえない，となります．

[Ex] エクセル関数では =NORM.S.DIST(−2.17,TRUE)=0.015 となり，$P(-\infty < Z < -2.17) = 0.015$ から $P = 0.025$（片側）より小さいため Z は棄却域に入ることがわかります．

解答②

帰無仮説として，H_0：「このサイコロは正常である」を立てます．すなわち，2 の目が出る確率を p とすると，H_0：「$p = 1/6$ である」です．しかし，「2 の目が出にくい」とあるので，「ほかの目よりも出る確率が低い」と考えて，対立仮説は H_1：「$p < 1/6$」とします．そこで片側検定を行います．

① と同様に標準化変換をして $X = 36$ のとき $Z = -2.17$ となります．危険率が 0.05 ですから片側の棄却域の面積が 5% となるのは $Z = 1.64$ のときです（正規分布表参照：片側 5%）．$Z = -2.17 < -1.64$ より Z の値は棄却域に入るため，H_0 は棄却されます．すなわち，危険率 5% でこのサイコロは 2 の目が出にくい，といえます．

12.2 正規母集団における母数の検定

検定する集団が正規母集団と考えられる場合，以下の母数の検定ができます．

12.2.1 母平均に関する検定

A. 母分散が既知の場合

帰無仮説として H_0：「母平均は $\mu = \bigcirc\bigcirc$ である」を立てます．下に再掲する定理 9.1 を用いて，標準化を行い，検定します．

> **定理 9.1** 母集団が正規分布 $N(\mu, \sigma^2)$ に従うとき，大きさ n の標本を無作為に抽出すると，その標本平均は n が大きくなくても正規分布 $N(\mu, \sigma^2/n)$ に従う．

例題 12.2

ある高校の生徒 25 名の全国模擬試験の点数を調べた結果，平均 501.8 点でした．全国の高校生の平均が 489.7 点，標準偏差 27.2 点の正規分布に従っているとすると，この高校の点数は全国平均と離れているか，危険率 5% で検定しなさい．

解答

帰無仮説として H_0：「この高校の平均値は全国平均と等しい」を立てます．定理 9.1 を用いて次の標準化した Z を計算すると，$Z = 2.22$ となります．

$$Z = \frac{\bar{X} - \mu}{\sigma/\sqrt{n}}$$

1.96（5%棄却域）$< Z = 2.22$ より，Z は 5%棄却域に入ります．その結果，仮説は棄却され，「全国平均から離れている，すなわち全国平均より高い」といえます．

[Ex] エクセル関数では =NORM.S.DIST(2.22,TRUE)=0.987 となり，$P(-\infty < Z \leq 2.22) = 0.987$ ですから，5%棄却域に入ることがわかります．

B. 母分散が未知の場合

標本平均，標本分散を用いて帰無仮説 H_0：「母平均は $\mu = \bigcirc\bigcirc$ である」を立て，

検定します。下に再掲する定理 10.9（または定理 10.7）を使います。一般には t 分布による t 検定を用います。

> **定理 10.9** 正規母集団 $N(\mu, \sigma^2)$ から大きさ n の標本を無作為抽出し，その標本平均と標本分散をとるとき，次の T は自由度 $n-1$ の t 分布に従う。
> $$T = \frac{\sqrt{n-1}(\bar{X} - \mu)}{S}$$

例題 12.3

ある高校の生徒 21 名の全国模擬試験の点数を調べた結果，平均 501.8 点，標準偏差 23.2 点でした。全国の高校生の平均が 489.7 点の正規分布に従っているとすると，この高校の点数は全国平均と離れているか，危険率 5% で検定しなさい。

解答

帰無仮説として H_0：「この高校の平均値は全国平均と等しい」を立てます。定理 10.9 を用いて T の値を計算すると，
$$T = \frac{\sqrt{20}(501.8 - 489.7)}{23.2} = 2.33$$
となります。t 分布表から危険率 5%，自由度 20 で棄却域は 2.086 以上および -2.086 以下とわかります。$2.086 < T = 2.33$ よりこの値は棄却域に入ることがわかります。したがって仮説は棄却され，全国平均と異なる，といえます。
$\boxed{\text{Ex}}$ エクセル関数では =T.DIST(2.33,20,TRUE)=0.985 より $P(-\infty < T \leq 2.33) = 0.985$ となります。したがって 0.95 を超え，棄却域に入ることがわかります。

12.2.2 母分散に関する検定

標本分散 S^2 を使って χ^2 検定を行います。下に再掲する定理 10.2 を使います。

定理 10.2　$N(\mu, \sigma^2)$ に従う正規母集団から大きさ n の標本を無作為に抽出したとき，その標本平均 $\bar{X}$ について次の関数 Z は自由度 $n-1$ の χ^2 分布に従う。
$$Z = \frac{nS^2}{\sigma^2}$$

例題 12.4

例題 12.3 で全国では標準偏差が 30.6 点でした。この高校の標準偏差は全国から外れていますか。危険率 5% で検定しなさい。

解答

帰無仮説として H_0：「この高校の標準偏差は全国の値と等しい」を立てます。Z を求めると，
$$Z = \frac{21 \times 23.2^2}{30.6^2} = 12.1$$
と計算されます。自由度 20，危険率 5% で χ^2 分布表から棄却域は 31.4 以上となります。$Z = 12.1 < 31.4$ ですから，採択域に入り，仮説 H_0 は棄却されません。したがって，この高校の標準偏差は全国から外れているとはいえません。

[Ex] エクセル関数では =CHISQ.DIST.RT(12.1,20)=0.913 となり，$P(0 < Z \leq 12.1) = 0.913 < 0.95$ ですから，採択域に入ることがわかります。

2 つの母集団の分散の比に関する検定

2 つの正規母集団から取り出した標本について，帰無仮説 H_0：「2 つの母集団の母分散は等しい」を立て，検定します。2 つの母分散が等しいとき，下に再掲する定理 10.6 を使います。

定理 10.6　母分散の等しい 2 つの正規母集団からそれぞれ大きさ m と n の標本 $X_1, X_2, \cdots, X_m$ と標本 $Y_1, Y_2, \cdots, Y_n$ を無作為に抽出し，その標本分散 S_m^2 と S_n^2 をつくるとき，次の X は自由度 $(m-1, n-1)$ の F 分布に従う。
$$X = \frac{m(n-1)S_m^2}{n(m-1)S_n^2}$$

求めた X の値が棄却域に入れば、仮説を棄却します。なお、ここで自由度 (a,b) の F 分布で棄却域 α を $F_{a,b}(\alpha)$ と略記します。

例題 12.5

ある農場で昨年、収穫したリンゴを 31 個取り出し、重さを測ると平均 243g、標準偏差 29g でした。今年は 21 個取り出し、その平均は 280g、標準偏差は 24g となりました。リンゴの重さは正規分布に従うとして、2 つの母分散は等しいといえますか。危険率 2%で検定しなさい。

解答

帰無仮説 H_0：「2 つの母集団の母分散は等しい」を立てます。X の値は $X = \dfrac{31 \times 20 \times 29^2}{21 \times 30 \times 24^2} = 1.44$ と計算されます。一方、危険率 2%であるので、F 分布曲線において両端の 1%棄却域を求めます。F 分布表から $F_{30,20}(1\%) = 2.78$ および $F_{30,20}(99\%) = 1/F_{20,30}(1\%) = 1/2.55 = 0.39$ が得られるので、採択域は $0.39 < X = 1.44 < 2.78$ となります。なお、$F_{30,20}(99\%)$ は F 分布表に値がないので、定理 10.8 を使っています。$X = 1.44$ はこの採択域に入るので、仮説は棄却されず、母分散は等しくないとはいえない、となります。

Ex エクセル関数では =F.DIST(1.44,30,20,TRUE)=0.801 となり、$P(-\infty < X \leq 1.44) = 0.801$ ですから、採択域に入ります。

12.2.3 平均の差の検定

A. 母分散が既知の場合

2 つの正規母集団から抽出した標本の標本平均をもとに母平均の差を検定します。すなわち、正規母集団 $N(\mu_x, \sigma_x^2)$ から m 個の標本を取り出し、その標本平均を $\bar{X}$ とします。一方、別の正規母集団 $N(\mu_y, \sigma_y^2)$ から n 個の標本を取り出し、その標本平均を $\bar{Y}$ とすると、$\bar{X}$ と $\bar{Y}$ はそれぞれ正規分布 $N(\mu_x, \sigma_x^2/m)$ および $N(\mu_y, \sigma_y^2/n)$ の検定統計量です。したがって、$\bar{X}$ と $\bar{Y}$ の差 $\bar{X} - \bar{Y}$ は正規分布の一次結合（第 9 章）により、次の正規分布に従います。

$$N(\mu_x - \mu_y, \sigma_x^2/m + \sigma_y^2/n)$$

さらに，次の標準化変換を用いると，次の統計量 Z は $N(0,1)$ に従います．

$$Z = \frac{(\bar{X} - \bar{Y}) - (\mu_x - \mu_y)}{\sqrt{\sigma_x^2/m + \sigma_y^2/n}} \tag{12.1}$$

したがって，各母分散が既知の場合は，帰無仮説として，H_0：「$\mu_x - \mu_y = 0$」を立てます．次に $\bar{X}$ と $\bar{Y}$，σ_x^2 と σ_y^2 の値を使って Z を計算します．標準化した正規分布において危険率を例えば 5%（片側 2.5% ずつ）とすれば，その棄却域と Z の値から検定をします．

例題 12.6

A 市と B 市の市民の最高血圧の標準偏差は 15mmHg および 12mmHg であることがわかっています．今月の健康診断後，A 市と B 市の市民 100 人ずつの最高血圧の値を無作為抽出した結果，その平均はそれぞれ 131mmHg および 126mmHg でした．両市民の最高血圧の平均に有意な差はありますか．危険率 5% で検定しなさい．

解答

帰無仮説として H_0：「両市民の最高血圧に差はない」と仮定します．式 (12.1) において Z を計算すると，分子は $131 - 126 = 5$，分母は $\sqrt{(15^2/100 + 12^2/100)} = 1.92$ と計算され，$Z = 2.60$ となります．1.96（5%棄却域）$< Z = 2.60$ ですから，Z は棄却域に入り，仮説は否定され，両市民の最高血圧に有意な差はあると判断されます．

B. 母分散が未知の場合

2 つの母集団の母分散が未知の場合は，それらが等しいと認められたとき，各母集団の平均の差を検定できます．つまり，2 つの正規母集団からそれぞれ m 個と n 個の標本を取り出し，標本平均 $\bar{X}$ と $\bar{Y}$ および標本分散 S_x^2 と S_y^2 を得たとします．両母集団の母分散について F 検定によって「両者は等しい」という帰無仮説が採択された場合，次の T は自由度 $m+n-2$ の t 分布に従うことが知られています．

$$T = \frac{(\bar{X} - \bar{Y}) - (\mu_x - \mu_y)}{\sqrt{\left(\frac{1}{m} + \frac{1}{n}\right) S^2}} \tag{12.2}$$

ここで，S^2 は 2 つの標本分散の平均で，次の式で定義されます．
$$S^2 = \frac{(m-1)S_x^2 + (n-1)S_y^2}{m+n-2} \tag{12.3}$$
この統計量 T を使って検定，すなわち t 検定を行います．この検定を二標本 t 検定といいます．

12.2.4 母比率の検定

母集団での母比率 p がわかっている場合，そこから標本を n 個取り出して得られた比率を検定してみましょう．

例題 12.7

ある会社で社員の喫煙率が 0.13 のとき，社員 100 人について調べた結果，9 人が喫煙者でした．この結果は会社全体の喫煙率と矛盾しませんか．

解答

帰無仮説として，H_0：「100 人の喫煙率は 0.13 である」を立てます．棄却率は両側で 5% とします．この例題は喫煙率を成功率と考えると二項分布があてはまります．さらに，標本の個数も多いので，正規分布にあてはめることができます．その結果，母比率 p に関する次の式は n が十分大きい場合，標準正規分布 $N(0,1)$ に従うと考えられます．
$$z = \frac{\frac{x}{n} - p}{\sqrt{p(1-p)/n}} \tag{12.4}$$
したがって，この問題は標準正規分布を使って検定できます．式 (12.4) は $z = (0.09 - 0.13)/\sqrt{(0.13 \times 0.87/100)} = -1.19$ と計算されます．標準正規分布で両側検定 5% の棄却域は正規分布表から $z < -1.96$ および $z > 1.96$ ですから，$z = -1.19$ は採択域に入り，この調査結果は会社全体の喫煙率と矛盾するとはいえません．

問題 12.1 あるコインを 300 回トスしたところ，表が 165 回出ました．

① このコインはトスに関して正常なコインですか？
② このコインは表が出やすいといえますか？

ただし，危険率 5% とします．

問題 12.2 ある会社で社員 100 名の健康診断を行った結果，血液中の血小板濃度が平均 249,000 個/μL でした．その市の平均が 258,000 個/μL，標準偏差が 48,600 個/μL の正規分布に従っているとすると，この会社の平均値は市の平均値と離れているか，危険率 5% で検定しなさい．

問題 12.3 ある会社で社員 17 名の健康診断を行った結果，血液中の血小板濃度が平均 241,000 個/μL，標準偏差 48,600 個/μL でした．その市の平均が 258,000 個/μL の正規分布に従っているとすると，この会社の平均値は市の平均値より低いか，危険率 5% で検定しなさい．

問題 12.4 問題 12.3 で市の標準偏差が 57,100 個/μL でした．この会社の標準偏差は市の値と比べて外れているか，危険率 5% で検定しなさい．

問題 12.5 A 病院で高血圧症の患者 41 人の最高血圧の平均は 171mmHg, 標準偏差は 23mmHg でした．B 病院で患者 31 人について測定したところ，平均 150mmHg, 標準偏差 18mmHg でした．両病院患者の最高血圧は正規分布に従うとして，2 つの母分散に差があるといえますか．危険率 2% で検定しなさい．

問題 12.6 養鶏場 P と Q から出荷される鶏卵の重さの標準偏差は，それぞれ 7g と 11g であることがわかっています．各養鶏場から無作為に 25 個ずつ鶏卵を取り

出し，その重さを計量した結果，平均はそれぞれ 71g と 77g でした。この 2 つの平均に有意な差はありますか。危険率 5%で検定しなさい。

問題 12.7 メンデルの法則によって，あるエンドウを交配すると 3：1 の比率で黄色と緑色のエンドウの種子が生ずると考えられるとき，実際には 180 個の黄色の種子と 45 個の緑色の種子が得られました。この結果はメンデルの法則に矛盾しますか。

第13章

検定(2)：実際の検定例

第12章で統計学的検定の基礎を説明しました。この章では実験や調査で得られたデータを使った検定を説明します。実際の検定には大量の計算が必要となり、その計算には統計用ソフトウェアが不可欠です。ここではエクセルを使って説明をします。

13.1 検定のポイント

実験や調査で得られたデータをもとに行う各種の検定は、次のような手順に従います。各段階でのポイントを説明します。

1. 検定には、まず仮説、一般には帰無仮説を立てます。帰無仮説は棄却されたときに重要な意味をもつので、「比較する両者に差はない」「両者は等しい」など一般に肯定的な仮説にします。
2. どのような検定、つまり t 検定をするのか χ^2 検定をするのかなどを決めます。その結果、検定統計量は何かが決まります。ここで検定方法を誤ると得られた解析結果に意味はありませんので、十分注意して選択してください。例として、2つの集団の平均の差を検定する方法を決めるフローチャートを図13.1に示しました。詳細は本章で解説していきます。
3. 危険率を決めます。通常5%あるいは1%が使われます。また、対立仮説が単に等しいかどうかをみるときは両側検定、大小関係をみるときは片側検定をします。
4. 検定統計量を計算します。その際、母平均、母分散などの母数の値が既知の場合はそれらを用いて計算しますが、一般には未知の場合が多くあります。その

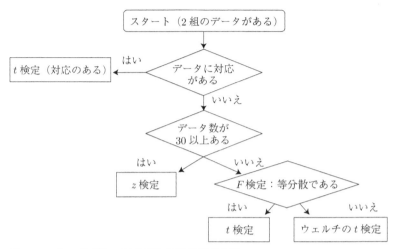

図 13.1　2 つのグループの平均の差の検定方法

場合，母分散，母標準偏差の代わりにそれらの推定値である不偏分散，不偏標準偏差を使います。この不偏分散，不偏標準偏差は実際のデータから計算して求めます。計算量が多い場合は，本書で解説しているエクセルなどの表計算ソフトウェアを使うと，瞬時に正確な計算結果が得られます。

5. 得られた検定統計量の値が棄却域か採択域かを判定します。

このとき，第 12 章でも説明しましたが，統計量が分布曲線全体のどこに位置するかをグラフ上で確認することが重要です。各分布によってその形状が異なります。例えば，正規分布および t 分布では平均値 0 を中心とした左右対称のベル型（釣鐘型）の曲線です。χ^2 分布および F 分布では確率変数が正の値でのみ（つまり 0 から $+\infty$ の範囲）定義され，しかも左側に歪んだ曲線となります。また，棄却域がどこから積算（積分）した値であるかに注意が必要です。つまり，確率変数が $+\infty$（あるいは $-\infty$）から積分した値か，または平均値 0 から積分した値なのかに注意してください。このようにして，棄却域が確率変数の数直線上でどこの部分かを正確に捉えます。

本書では標本分散は，標本値と平均値の差の二乗和を標本の個数 n で割った値，不偏分散は差の二乗和を $n-1$ で割った値と定義しています。標本分散について n

ではなく，$n-1$ で割った値と定義している書籍もありますので，注意してください。標本標準偏差と不偏標準偏差も同様です。

13.2 平均の差の検定：標本の個数の多い場合

実験や調査で比較したい 2 つの集団について，その標本の個数が一般に 30 以上の比較的多い場合，2 つの平均値の差を検定する方法を説明します。両集団ともに標本の分布が正規分布に近づくと考えられますので，正規分布による平均値の検定を適用できます。すなわち，最初に第 9 章で説明した正規分布の一次結合を使い，2 つの正規分布に従う標本から平均値の差に関する正規分布を新たにつくります。次に，式 (9.1) を用いて標準化変換し，得られた統計量 Z を使って検定します。この検定を z 検定とよぶこともあります。

例題 13.1

ある中学校のクラス A と B の全生徒の身長 (cm) を測定した結果，下のようになりました。この 2 クラスの生徒の身長の平均値に差はありますか。危険率 5％で検定しなさい。

A	158	162	171	133	139	149	144	159	180	133
	155	158	159	166	168	158	171	161	160	151
	157	165	160	148	160	153	167	160	153	161
	155	164								
B	155	162	171	165	152	149	158	139	168	166
	157	162	155	168	162	154	149	162	158	163
	175	159	166	148	164	168	155	178	162	155

クラス A と B の平均はそれぞれ 157.4 と 160.2，不偏分散はそれぞれ 106.45 と 70.63 です。

解答

帰無仮説として H_0：「両クラスの平均身長に差はない」を立てます。2 クラス

とも標本の個数が多いので，定理 9.1 よりクラス A と B の身長の分布はそれぞれ $N(157.4, 106.45/32)$ と $N(160.2, 70.63/30)$ の正規分布に従うと考えられます。したがって，この 2 つの平均値の差は，正規分布の一次結合の定理から正規分布 $N(160.2 - 157, 106.45/32 + 70.63/30)$，すなわち $N(2.73, 2.38^2)$ に従います。次にこの正規分布に対して標準化変換をすると，$Z = 2.73/2.38 = 1.15$ と計算されます。危険率は両側合わせて 5%ですから，棄却域は正規分布表から $Z < -1.96$ および $Z > 1.96$ の領域です。$Z = 1.15$ はこの棄却域にないので，仮説は棄却されません。したがって，このクラスの生徒の身長の平均値に差はあるとはいえません。

[Ex] エクセルでは「データ」の「データ分析」を使い，各種の統計学的な分析ができます。ここでは「z-検定：2 標本による平均の検定」を選びます。図 13.2 のようにエクセルシート上でのデータの範囲，不偏分散，危険率などを入力し，OK ボタンを押します。すると瞬時に図 13.3 に示す解析結果が得られます。ここでは標準化変換した Z の値 -1.145（ここではクラス A の平均身長の方が低いので，負の値となる），危険率 5%（両側検定）でこの値が起きる確率 0.2522，危険率 5%での棄却域（両側）の値 1.96 などの結果が表示されます。

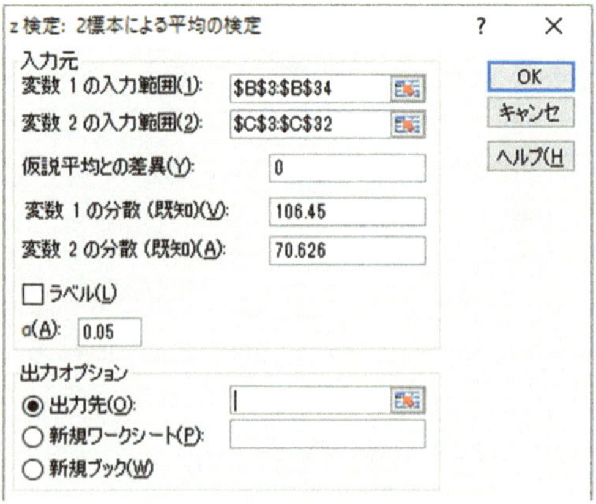

図 13.2 「z-検定：2 標本による平均の検定」

```
z-検定: 2 標本による平均の検定

                    変数 1    変数 2
平均                157.44   160.17
既知の分散          106.45   70.626
観測数                  32       30
仮説平均との差異         0
z                   -1.145
P(Z<=z) 片側        0.1261
z 境界値 片側       1.6449
P(Z<=z) 両側        0.2522
z 境界値 両側         1.96
```

図 13.3 「z-検定：2 標本による平均の検定」の解析結果

13.3 平均の差の検定：標本の個数の少ない場合

実際の実験や調査では，いろいろな制約から得られる標本の個数は多くなく，母数も未知である場合がほとんどです。その状況で 2 つのグループの平均値が等しいかを検定することがよくあります。このような標本の個数が少ない 2 つのグループを検定する場合図 13.1 のフローチャートに示すように，一般に t 検定を行います。

例題 13.2

A と B の 2 つの中学校の学生を 10 人ずつ無作為に選び，彼らの身長 (cm) を測った結果が下のようになりました。A と B で身長に差があるといえるかを危険率 5% で検定しなさい。

```
A   123  156  169  133  179  155  146  160  151  142
B   128  156  149  175  161  158  144  172  141  163
```

各校の平均値と不偏標準偏差は次のように計算されます。

```
        平均値   不偏標準偏差
   A    151.4      16.47
   B    154.7      14.45
```

解答

まず帰無仮説 H_0:「両校の母分散は等しい」を立て，実際に等しいか F 検定を行います．危険率は 5%（片側）としましょう．F 検定は多くの場合，片側検定をします．定理 10.6 を用いて標本分散比 X の値を計算すると $X = 1.30$ となります．棄却域は F 分布表から $F_{9,9}(0.05) = 3.18$ より $X > 3.18$ です．$X = 1.30 (< 3.18)$ はこの棄却域にありませんから，帰無仮説は棄却されず，分散に差がないと判定されました．

|Ex| エクセルでは，「データ」のタブから「データ分析」を選び，ここではさらに「F 検定：2 標本を使った分散の検定」を選びます．次に，図 13.4 にあるように，2 つのデータを変数 1 と 2 の入力範囲として 2 群のデータを指定します．次に片側 5%の検定を行うとして危険率 α は 0.05 とし，OK ボタンを押します．

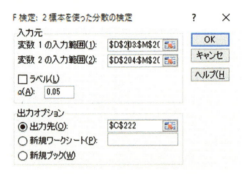

図 13.4　F 検定：2 標本を使った分散の検定

こうして得られた 2 つの解析結果（図 13.5）で，表の下から 3 行目が上で計算した $X = 1.30$ です（青いセル）．表の最も下の行の 3.18（青いセル）から棄却域は 3.18 以上の領域です．したがって，統計量 $X = 1.30$ は棄却域に入りません．なお，図中の「分散」は（試料数 -1 で割った）不偏分散を示しています．

次に図 13.1 のフローチャートに従い，両校の平均の差を検定します．ここでは 10 名と学生数が少ないので，t 検定をします．帰無仮説として「両校の身長に差はない」を立てます．危険率は 5%（片側 2.5%ずつ）です．式 (12.2) お

	変数 1	変数 2
平均	151.4	154.7
分散	271.38	208.9
観測数	10	10
自由度	9	9
観測された分散比	1.2991	
P(F<=f) 片側	0.3515	
F 境界値 片側	3.1789	

図 13.5　F 検定の解析結果

よび (12.3) より $T = -0.476$ と計算できます。自由度は $10 + 10 - 2 = 18$ ですから，t 分布表から $t = 2.10$ が得られます。棄却域は $-2.10 < t$ および $t > 2.10$ となります。求めた値 -0.476 はこの棄却域に入りませんから，帰無仮説は棄却されず，両校の平均に差がないと判定できます。

Ex　エクセルでは「分析ツール」，次に「t 検定：等分散を仮定した…」を選びます。上の F 検定と同様に各データ範囲を指定し，ここでは危険率を 0.05 として解析します。その結果，図 13.6 に示す解析結果が得られます。下から 5 行目に $T = -0.476$ の値が表示されます。最も下の行には両側 5%（片側で 2.5%ずつ）での棄却域 2.10 が示されます。

	変数 1	変数 2
平均	151.4	154.7
分散	271.38	208.9
観測数	10	10
プールされた分散	240.14	
仮説平均との差異	0	
自由度	18	
t	−0.476	
P(T<=t) 片側	0.3198	
t 境界値 片側	1.7341	
P(T<=t) 両側	0.6397	
t 境界値 両側	2.1009	

図 13.6　t 検定の解析結果

発 展

2つの母集団で分散が等しくない場合，その平均値を検定するにはどうすればよいでしょうか．次の例題で考えてみましょう．

例題 13.3

CとDの2つの中学校の学生を 10 人ずつ無作為に選び，彼らの身長 (cm) を測った結果が表のようになりました．CとDの学校で身長に差があるといえるかを危険率 5%で検定しなさい．

C	150	156	169	139	182	155	146	160	175	142
D	159	156	149	160	161	158	172	163	158	163

解答

各校の平均値と不偏標準偏差は，次のように計算されます．

	平均値	不偏標準偏差
C	157.4	14.24
D	159.9	5.858

最初に両校の身長について母分散を検定します．例題 13.2 と同様に，帰無仮説を「両校の身長の分散に差はない」とし，危険率を両側で 5% とします．例題 13.2 と同様に式 (12.3) を用いて X の値を計算すると $X = 5.91$ となります．棄却域は $F_{9,9}(0.01) = 5.35$ および $F_{9,9}(0.99) = 1/F_{9,9}(0.01) = 1/5.35 = 0.187$ より，$0 < X < 0.187$ および $5.35 < X$ となります．$X = 5.91 (> 5.35)$ はこの棄却域にあるので，帰無仮説は棄却され，母分散に差があると判定されました．
$\boxed{\text{Ex}}$ エクセルでは例題 13.2 と同様に「データ」のタブから「データ分析」を選び，ここではさらに「F 検定：2 標本を使った分散の検定」を選びます．次に，2つのデータを変数 1 と 2 の入力範囲として 2 群のデータを指定します．次に危険率は両側で 0.05，まず 0.975 とし，OK ボタンを押します．同様にして，次に危険率は 0.025 とし，OK ボタンを押します．
その結果，次の図 13.7 のような解析結果が得られます．求める統計量は表

の下から 3 行目にある $X = 5.906$（青いセル）で，棄却域は最も下の行の $0.248(97.5\%)$ と $4.026(2.5\%)$ に示されます（ともに青いセル）。

	変数 1	変数 2	変数 1	変数 2
平均	157.4	159.9	157.4	159.9
分散	202.7	34.32	202.7	34.32
観測数	10	10	10	10
自由度	9	9	9	9
観測された分散比	5.906		5.906	
P(F<=f) 片側	0.007		0.007	
F 境界値 片側	0.248		4.026	

図 13.7　F 検定の解析結果

このように母分散に差があると判断された場合はウェルチの検定を使って t 検定を行います（図 13.1）。ウェルチの t 検定での統計量は次の式で表されます。

$$t = \frac{\bar{X}_1 - \bar{X}_2}{\sqrt{S_1^2/n_1 + S_2^2/n_2}} \tag{13.1}$$

ここで $\bar{X}_1$ と $\bar{X}_2$ は各グループの標本平均，S_1^2 と S_2^2 は不偏分散，n_1 と n_2 は標本の個数を示します。この統計量は次の自由度 a の t 分布に従います。

$$a = \frac{\left(\dfrac{S_1^2}{n_1} + \dfrac{S_2^2}{n_2}\right)^2}{\dfrac{S_1^4}{n_1^2(n_1-1)} + \dfrac{S_1^4}{n_2^2(n_2-1)}} \tag{13.2}$$

式 (13.2) で a が整数でない場合は，その値に最も近い整数とします。

[Ex] エクセルでは「データ分析」を選び，次に t 検定で「分散が等しくないと仮定した 2 標本による検定」を選びます。各データ範囲を指定した後，危険率を 0.05 としてボタンを押します。その結果，次の解析結果が得られます（図 13.8）。統計量は $t = -0.5135$ で，棄却域は $-2.18 < t$ および $t > 2.18$ です。したがって，$t = -0.5135$ は採択域に入っていることがわかります。その結果，2 つの学校の平均身長に差があるとはいえないと判定されます。

	変数 1	変数 2
平均	157.4	159.9
分散	202.711	34.3222
観測数	10	10
仮説平均との差異	0	
自由度	12	
t	−0.5135	
P(T<=t) 片側	0.30846	
t 境界値 片側	1.78229	
P(T<=t) 両側	0.61693	
t 境界値 両側	2.17881	

図 13.8 分散が等しくない標本の t 検定の解析結果

13.4 対応がある標本の平均の検定

検定する両グループに対応がある場合の平均の検定を考えてみましょう。対応があるとは、そのグループに治療、薬の投与などの操作を加えた場合、操作の前と後の一対のデータがある場合です。帰無仮説としては「前後で両グループの平均値に差がない」とします。次の例題で考えてみましょう。例えば、患者に薬を投与する前後の血液検査の結果などがあります。

例題 13.4

8人の高血圧症の患者に、ある薬剤を投与する前後の最高血圧 (mmHg) の結果は次のようになりました。この薬剤による降圧効果は認められますか。危険率5%で検定しなさい。

患者	A	B	C	D	E	F	G	H
最高血圧 (投与前)	145	156	160	144	139	150	164	142
最高血圧 (投与後)	131	139	158	122	133	141	139	141

解答

　帰無仮説として「患者に薬剤投与前の平均と投与後の平均に差はない」を立てます。すなわち，「各患者で薬剤投与前の値から投与後の値を引いた値は 0 となる」とします。患者数は 8 人と多くないので，t 検定を行います。各患者について投与前の値から投与後の値を引き，差を求めます。次にその平均と標本標準偏差を求めると，それぞれ 12 と 8.396 となります。定理 10.9 を用いて次の式の値は $T = 3.78$ と求まります。

$$T = \frac{\sqrt{n-1}(\bar{X} - \mu)}{S}$$

自由度 7，危険率 5%（両側）での棄却域は $T > 2.365$ および $T < -2.365$ ですから，$T = 3.78 (> 2.365)$ は棄却域に入ります。その結果，仮説は棄却され，薬剤による最高血圧の差はあったと判断されます。

[Ex] エクセルの「データ分析」を使うと，「t 検定：一対の標本による平均の検定」を選びます。解析を進めると次の図 13.9 のような結果が得られます。t 値が下から 5 行目に，5%棄却域（両側）が最後の行に書かれています（ともに青いセル）。

	変数 1	変数 2
平均	150	138
分散	82.571429	107.14286
観測数	8	8
ピアソン相関	0.5801881	
仮説平均との差異	0	
自由度	7	
t	3.7812527	
P(T<=t) 片側	0.0034405	
t 境界値 片側	1.8945786	
P(T<=t) 両側	0.006881	
t 境界値 両側	2.3646243	

図 13.9　対応のある標本の t 検定の解析結果

問題 13.1 A 市と B 市の市民各 40 人の血中総コレステロール値 (mg/dl) を測定した結果，平均値は 182 と 177，不偏分散は 26 と 25 でした。両市の平均値に差はありますか。危険率 5% で検定しなさい。

問題 13.2 農場 A と農場 B で収穫したリンゴを無作為に 10 個ずつ取り，その重さ (g) を測った結果，次のようになりました。農場 A と農場 B で収穫したリンゴの重さに差はみられますか。危険率 5%で検定しなさい。

農場 A	231	189	201	169	225	280	261	209	266	234
農場 B	200	194	178	225	199	258	223	191	231	218

なお，各平均と不偏標準偏差を下に示します。

	平均値	不偏標準偏差
農場 A	226.5	35.53
農場 B	211.7	23.66

問題 13.3 ある病院で健常者 5 人とある疾病患者 7 人の血糖負荷試験を行った結果，血糖値上昇値 (mg/dl) について次の結果を得ました。両グループの上昇値に差がありますか。危険率 5%で答えなさい。

健常者	55	49	42	40	35		
患者	68	65	60	56	52	47	41

問題 13.4 マウスを 2 群に分け，飼料 A と B をそれぞれ与えて飼育後，重さ (g) を測りました。その結果を次のページの表に示します。この 2 群に重さの差はありますか。危険率 5%で答えなさい。

A	22	21	23	36	22	25	33	37	24
B	27	28	22	23	21	25	23	29	28

なお，A 群と B 群の平均値と不偏分散は 27, 25.1(g) と 41.5, 8.86(g^2) です。

問題 13.5 あるダイエット治療を受けた患者 8 人の体重 (kg) がどれほど変化したかを測定しました。その結果を次の表で示します。このダイエットは効果があったか，危険率 5% で検定しなさい。

患者	A	B	C	D	E	F	G	H
体重（治療前）	85	99	69	102	74	86	69	92
体重（治療後）	75	91	70	88	71	82	63	88

第14章 適合度と独立性の検定

これまで説明してきた検定では，母集団から取り出した標本は単一と考え，いくつかに分割して検定することはしませんでした。しかし，調べる要因が複数ある場合は，標本をその要因によって複数のクラス（階級）に分けて検定することがあります。

14.1 期待度数と観測度数

母集団が互いに独立なクラス $A_1, A_2, A_3, \cdots, A_n$ に分けられているとします。例えば，市販の鶏卵は重さによって S, M, L, LL のように分けられています。そこである農場で生産した鶏卵の重さを第 1 章で説明したように，n 個のクラスに分けてその度数分布を調べた場合を考えてみましょう。各クラスに属する確率は $p_1, p_2, \cdots, p_n$ であるとします。ここで各確率の総和は 1 です。この母集団から L 個の標本を無作為に取り出したとき，各クラスに属する個数は $p_1 L, p_2 L, \cdots, p_n L$ と期待されます。これを**期待度数**とよびます。一方，実際に各クラスで測定した標本の数 $x_1, x_2, \cdots, x_n$ を**観測度数**といいます。

14.2 適合度の検定

期待度数と観測度数とを比較することを**適合度**の検定といいます。ここで，各クラスで（観測度数 − 期待度数）^{2}/期待度数を求め，その総和を考えます。その総和 X は標本の個数 n が大きいとき，自由度 $n-1$ の χ^2 分布に従います。

$$X = \frac{(x_1 - p_1 n)^2}{p_1 n} + \frac{(x_2 - p_2 n)^2}{p_2 n} + \cdots + \frac{(x_n - p_n n)^2}{p_n n} \tag{14.1}$$

ここで，各クラスの期待度数は 5 以上であることが必要です。あるクラスの期待度数が 4 以下である場合は隣のクラスと合わせて 5 以上にします。

　各クラスの適合度を検定するためには，まず帰無仮説として，H_0：「標本がクラス $A_1, A_2, A_3, \cdots, A_n$ に属する確率はそれぞれ $p_1, p_2, \cdots, p_n$ である」を立てます。$p_1, p_2, \cdots, p_n$ の決め方が検定のポイントとなります。次の例題で考えてみましょう。

例題 14.1

　ある植物の遺伝的形質 A, B, C, D はメンデルの法則で $3:2:2:1$ に従うと理論的にわかっており，実際の観察ではそれぞれ 101 個，56 個，59 個，24 個でした。この 4 つの形質 A, B, C, D に対する期待度数はそれぞれいくつですか。また，この観察結果はメンデルの法則に従っているといえますか。危険率 5% で検定しなさい。

解答

　各形質に属する確率は，A の場合，$3/(3+2+2+1) = 3/8$ となります。全標本の個数は $101 + 56 + 59 + 24 = 240$ 個です。各確率と全標本の個数から各期待度数を求めることができます。例えば形質 A では $240 \times (3/8) = 90$ 個と求められます。したがって期待度数と観測度数は下の表のようになります。

形質	A	B	C	D	計
期待度数	90	60	60	30	240
観測度数	101	56	59	24	240

　次に，帰無仮説を立てます。形質が A, B, C, D である確率をそれぞれ P_A, P_B, P_C, P_D とすると，帰無仮説 H_0 は「$P_A = 3/8$, $P_B = 1/4$, $P_C = 1/4$, $P_D = 1/8$ である」となります。(観測度数 − 期待度数)^2/期待度数を求めると，形質 A では 1.344 と計算され，式 (14.1) の総和 X は 2.828 となります。一方，自由度 $4 - 1 = 3$ で 5% の棄却域は χ^2 分布表から $X > 7.81$ となります。$X = 2.828 < 7.81$ は採択域に入り，この仮説は棄却されないため，この観察結果はメンデルの法則に従っている（従っていないとはいえない）と判断されます。

Ex エクセル関数で棄却域は =CHISQ.INV.RT(0.05,3) を使って求められます。

例題 14.2

あるサイコロを 72 回振って出た目を記録した結果，次のような結果を得ました。このサイコロは偏りのないサイコロといえますか。危険率 5% で検定しなさい。

目の数	1	2	3	4	5	6	計
観測度数	9	10	19	10	13	11	72

解答

偏りのないサイコロは，どの目も 1/6 の確率で現れます。したがって 72 回振ったとき各目の出る期待度数は $72 \times 1/6 = 12$ です。期待度数と観測度数は下の表のようになります。

目の数	1	2	3	4	5	6	計
期待度数	12	12	12	12	12	12	72
観測度数	9	10	19	10	13	11	72

この表から式 (14.1) の X は 5.667 と計算されます。一方，自由度 $6-1=5$ で 5% の棄却域は χ^2 分布表から $X > 11.07$ となるため，$X = 5.667 < 11.07$ は採択域に入ります。したがって，このサイコロは偏りがあるとはいえない（公平である）と判断されます。

14.3 独立性の検定

これまでは，ある母集団の 1 つの性質について階級分けをしましたが，2 つの性質

について考えてみましょう．例えば，ある農場で生産された鶏卵を重量と鮮度（産んでからの日数）という2つの要因で分けることができます．

ある母集団の2つの性質 A, B について，それぞれ m 個と n 個のクラスに分けられているとします．この母集団から N 個の標本を抽出して A および B の各クラス別に振り分けた表を**分割表**とよびます．図 14.1 に A を 4 クラスに，B を 5 クラスに分けた例を示します．x_{ij} は A がクラス i，B がクラス j である標本の数です．ここで i と j は $1 \leq i,\ j \leq n$ の整数です．

	B_1	B_2	B_3	B_4	B_5	計
A_1	x_{11}	x_{12}	x_{13}	x_{14}	x_{15}	a_1
A_2	x_{21}	x_{22}	x_{23}	x_{24}	x_{25}	a_2
A_3	x_{31}	x_{32}	x_{33}	x_{34}	x_{35}	a_3
A_4	x_{41}	x_{42}	x_{43}	x_{44}	x_{45}	a_4
計	b_1	b_2	b_3	b_4	b_5	N

図 14.1　分割表の例（$m=4,\ n=5$ の場合）

この分割表を用いて，A と B が独立であるかを検定することを**独立性の検定**とよびます．性質 A のなかで A_i のもつ確率を p_i とします．性質 A_i をもつ標本の数 a_i とおくと，$p_i = a_i/N$ となります．同様に性質 B のなかの B_j がもつ確率をそれぞれ q_j とすると，$q_i = b_i/N$ となります．

性質 A と B が独立であるとき，式 (14.2) で示される自由度 $(m-1)(n-1)$ の χ^2 分布に従うことが知られています．

$$X = \frac{(x_{11} - p_1 q_1 N)^2}{p_1 q_1 N} + \frac{(x_{21} - p_2 q_1 N)^2}{p_2 q_1 N} + \cdots + \frac{(x_{mn} - p_m q_n N)^2}{p_m q_n N} \tag{14.2}$$

独立性の検定については帰無仮説 H_0：「性質 A と B は独立である」を立て，χ^2 検定を行います．次の例題で考えてみましょう．

例題 14.3

あるレストランで食中毒事件が起こりました．メニューのなかから食品 A について，客 100 人から喫食と発症の有無を聞き取り調査した結果，次の表のようになりました．例えば，食品 A を食べた 40 人のうち，発症した客は 24 人，

発症しなかった客は 16 人でした。このとき，食品 A は事件と関連するか，危険率 5%で検定しなさい。

	発症	非発症	小計
喫食	24	16	40
喫食せず	23	37	60
小計	47	53	100

解答

帰無仮説 H_0：「食品 A はこの事件と関係がなかった（独立である）」を立てます。この仮説では食品 A の喫食・非喫食に関係なく，発症者は同じ確率で現れると考えられます。一方，この事件で発症者の比率は $47/100 = 0.47$，非発症者の比率は $53/100 = 0.53$ です。したがって喫食者全体（40 人）のうち，発症者は $40 \times 0.47 = 18.8$ 人，非発症者は $40 \times 0.53 = 21.2$ 人と推定されます。これが期待度数となります。喫食しなかった客も同様に考えると，期待度数の表は，以下のようになります。

	発症	非発症	小計
喫食	18.8	21.2	40
喫食せず	28.2	31.8	60
小計	47	53	100

次に各該当する項目について，式 (14.2) を使って X を計算します。例えば，喫食して発症した客については $(24 - 18.8)^2/18.8 = 1.438$ となります。全項目について計算し，それらの和 X は 4.52 となります。一方，この自由度は $(2-1) \times (2-1) = 1 \times 1 = 1$ ですから，χ^2 分布表から 5%棄却域は $X > 3.84$ です。したがって，$X = 4.52 > 3.84$ は棄却域に入るため，仮説は棄却され，食品 A はこの事件との関係が疑われます。

この手法は食中毒事件が発生した場合，どの食品が事件の原因食品かを推定するため，実際に保健所で使われています。ただし，検定結果はあくまで推察であり，直接的な証拠とはなりません。実際の食品から病原微生物あるいは有

害物質を検出することが必要です。

問題 14.1　例題 14.1 の実験の結果，形質 A, B, C, D に属する観測度数がそれぞれ 59 個，21 個，30 個，10 個でした．この観察結果はメンデルの法則に従っているといえますか．危険率 5% で検定しなさい．

問題 14.2　あるレストランで食中毒事件が起こりました．メニューのなかから食品 B について，客から喫食と発症の有無を聞き取り調査した結果，次の表のようになりました．このとき，食品 B は事件と関連するか，危険率 5% で検定しなさい．

	発症	非発症	小計
喫食	12	9	21
喫食せず	48	68	116
小計	60	77	137

また，同じメニューのなかで，食品 C については次の表のような結果になりました．食品 C についても同様に検定しなさい．

	発症	非発症	小計
喫食	17	14	31
喫食せず	37	69	106
小計	54	83	137

コラム　ランダムウォーク

　自然界では，物質の拡散，液体中の細菌の運動，野生動物の移動などを，ランダムウォークという粒子の動きで単純化して考えることができます。

　数直線上で左右に動く粒子を考えましょう。時刻 $t=0$ のとき原点にいた粒子が次の時刻 $t=1$ のとき右または左に1つだけ移動するとします。ここで，正の方向に移動する確率を p とすると，負の方向に移動する確率は $1-p$ となり，図1のように表せます。つまり，時刻 $t=1$ でこの粒子は確率 p で数直線上1の位置に，確率 $1-p$ で -1 の位置にいます。このような確率によって決まる移動を**ランダムウォーク** (random walk) あるいは酔歩とよびます。また，このように時刻とともに変化する確率変数（ここでは粒子の位置）で表される確率的現象を，**確率過程** (stochastic process) といいます。ランダムウォークは確率過程の代表的な例です。

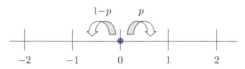

図1　ランダムウォークの模式図

　図1で時刻 $t=2$ のとき，この粒子はどこにいるでしょうか。時刻 $t=1$ で1にいた粒子は確率 p で2の位置に，確率 $1-p$ で0の位置にいます。ここで p の値は一定とします。この粒子が時刻 $t=2$ で原点にいる確率は $p(1-p)$ となります。一方，時刻 $t=1$ で -1 にいた粒子は時刻 $t=2$ のとき，確率 p で0の位置に，確率 $1-p$ で -2 の位置にいます。この粒子が時刻 $t=2$ で原点にいる確率は $(1-p)p$ となります。したがって時刻 $t=2$ で粒子が0の位置にいる確率は $p(1-p)+(1-p)p=2p(1-p)$ です。このようにして，次の時間ステップ $t=3$ とそれ以後も同様に各位置に存在する確率を求めることができます。

　しかし，実際には粒子が左右のどちらに移動するかは決められません。$p=1/2$ のときは $1-p=1/2$ ですから，左右どちらに移動する確率も等しくなります。それを40ステップまで行った例を図2に示します。40ステップ後には原点からさらに遠くに位置する場合もあります。

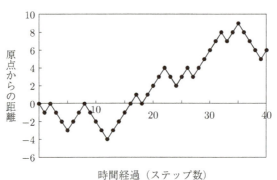

図 2　ランダムウォークの例 ($p = 1/2$)

縦軸は原点からの距離，横軸は時間経過（ステップ数）を示します。

　この図でも示されていますが，面白いことに $p = 1/2$ としても，ステップ数が増えると粒子が原点に戻ることは少なく，正か負のどちらかに偏ることが多いことが知られています。

　$p = 2/3$ のときは，正の方向に移動する確率がかなり高くなります。それを 40 ステップまで行った例を図 3 に示します。やはり，全体としては正の方向に偏った動きが見られます。

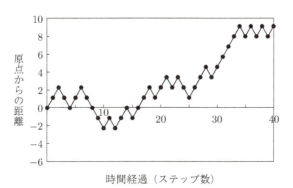

図 3　ランダムウォークの例 ($p = 2/3$)

さらに，ランダムウォークする粒子を X 軸方向と Y 軸方向の 2 次元平面で考えてみましょう。ここでは粒子が現在の点から X 軸の左右方向と Y 軸の上下方向に移動する確率をすべて 1/2 とします。原点から始まり，300 回粒子が動いた粒子の軌跡の例を図 4 に示します。この例では粒子は X 座標と Y 座標がともに正の領域（第 1 象限）に比較的多く存在しています。

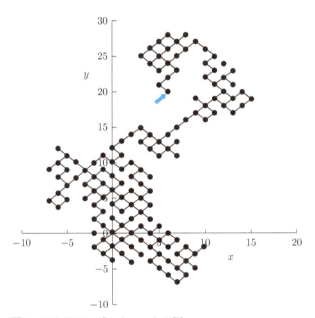

図 4　2 次元ランダムウォークの例
　青矢印は粒子の 300 ステップ後の最終位置を示します。

　ある時刻の状態がその前の状態にだけ依存する確率過程を，マルコフ過程 (Markov process) といいます。特に，直前の時刻の状態にだけ依存する場合を単純マルコフ過程といいます。ランダムウォークする粒子は，その典型的な例です。

解　答

問題 1.1　(1) 階級が決められていますので，各階級に属する産業の数を数えて表にまとめます。例えば，0万円～10万円は0，10万円～20万円は1などのように他の階級も数えていきます。さらに相対度数を求めます。割合を求めるので産業総数（このデータ総数は16）で各度数を割ります。例えば10万円～20万円であれば $1/16 = 0.0625$ と求められます。これをまとめると，次のような度数分布表が得られます。

産業別月間現金給与額の度数分布表

階級	度数	累積度数	相対度数	相対累積度数
0万円～10万円未満	0	0	0.0	0.0
10万円～20万円未満	1	1	0.063	0.063
20万円～30万円未満	4	5	0.25	0.313
30万円～40万円未満	7	12	0.438	0.75
40万円～50万円未満	3	15	0.188	0.938
50万円～60万円未満	1	16	0.063	1.0
60万円以上	0	0	0.0	1.0

　　Ex Excelを用いる場合はシート上のデータ全体のセルを指定し，タブの「データ」から「並べ替え」を使うと，数値を最も小さい値から昇順に（または降順に）並べ替えることができます。

(2) 度数に関してのヒストグラムなので，横軸に階級を，縦軸に度数をとり，次のような棒グラフをつくります。

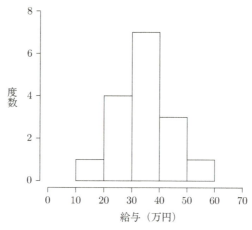

図　産業別月間現金給与額のヒストグラム

問題 1.2　1人目の得点は，表から散布図上の $(66, 52)$ の位置に点を打ちます。他の4人の得点に関してもそれぞれの座標に点を打てば，下の散布図が完成します。

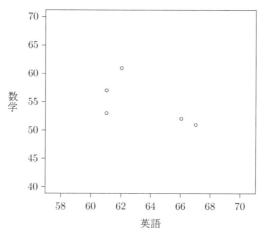

図　5人の学生の英語と数学の得点における散布図

問題 2.1 (1) まずは 6 つのデータの合計を求めます。$333 + 340 + 339 + 391 + 379 + 443 = 2225$ となります。データの総数が 6 ですので，平均値の式 (2.1) より，$2225/6 = 370.83$ と求められます。

(2) 6 つのデータを小さい順に並べ替えます。

$$333, 339, 340, 379, 391, 443$$

となるので，中央値は 3 番目と 4 番目の間です。その平均をとって $(340 + 379)/2 = 359.5$ となります。

(3) 各測定値から (1) で求めた平均値を引くことで次の表を求めます。

$x_i - \overline{x}$	−37.83	−30.83	−31.83	20.17	8.17	72.17

これらの値をそれぞれ 2 乗します。

$(x_i - \overline{x})^2$	1431.36	950.69	1013.36	406.69	66.69	5208.03

これらの平均を計算し，$\sum_{i=1}^{6}(x_i - \overline{x})^2/6 = 1512.81$ と求められます。

(4) 式 (2.5) より，(3) の正の平方根をとることで，$\sqrt{1512.81} = 38.89$ と求められます。

問題 2.2 (1) データの総和をデータ数 10 で割ります。$(1+3+3+\cdots+3+1)/10 = 2.5$ と求められます。

(2) データを小さい順に並べ替えると 5 番目と 6 番目のデータの間が中央値となります。中央値は $(3+3)/2 = 3$ となります。

(3) 1 から 4 の出現頻度を数えると下の表のようになります。

番号	1	2	3	4
回数	2	2	5	1

最頻値は 3 となります。

(4) (1) で求めた平均値 2.5 を使うことで，U^2 の総和の部分は，$(1-2.5)^2 + (3-2.5)^2 + \cdots + (3-2.5)^2 + (1-2.5)^2 = 8.5$ となります．U^2 は（データ数 -1）で割ることにより，$8.5/(10-1) = 8.5/9 = 0.944$ として求められます．

問題 3.1 図 3.1 (a) と式 (3.1) を使って解きます．

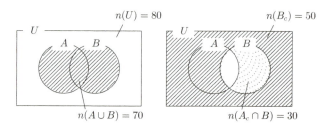

$n(B) = n(U) - n(B_c) = 80 - 50 = 30$

$n(A_c \cap B) = n(B) = 30$ より，$n(A \cap B) = 0$

式 (3.1) より，$n(A) = n(A \cap B) - n(B) + n(A \cup B) = 0 - 30 + 70 = 40$．ここで共通部分はありませんので，実際のベン図は次のようになります．

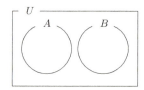

問題 3.2 A が奇数（3 通り）のとき，B は奇数（3 通り）であれば和が偶数となるので，計 $3 \times 3 = 9$ 通りあります．A が偶数（3 通り）のとき，B は偶数（3 通り）であれば和が偶数となるので，計 $3 \times 3 = 9$ 通りあります．したがって合計 18 通りあります．

問題 3.3　出た目を小さな目の順に，次のような枝分かれしたツリー構造で並べるとわかりやすくなります。図のように計 12 通りとなります。

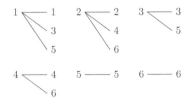

問題 3.4
$$_{13}P_4 = \frac{13!}{(13-4)!} = \frac{13!}{9!} = 13 \times 12 \times 11 \times 10 = 17160$$

上の計算式から，17160 通りとなります。

問題 3.5　右辺に式 (3.4) を適用して計算します。すなわち，

$$_{n-1}P_r + r\,_{n-1}P_{r-1} = \frac{(n-1)!}{(n-1-r)!} + r\frac{(n-1)!}{(n-r)!}$$

$$= \frac{(n-1)!(n-r)}{(n-r-1)!(n-r)} + r\frac{(n-1)!}{(n-r)!} = \frac{(n-1)!(n-r)}{(n-r)!} + r\frac{(n-1)!}{(n-r)!}$$

$$= \frac{(n-1)!(n-r) + r(n-1)!}{(n-r)!} = \frac{(n-1)!(n-r+r)}{(n-r)!} = \frac{n(n-1)!}{(n-r)!}$$

$$= \frac{n!}{(n-r)!} = \,_nP_r$$

となりますので，題意は示されました。

問題 3.6　2 種類の場合は，$2^5 = 32 > 20$ より 5 個となり，6 種類の場合は，$6^2 = 36 > 20$ より 2 個となります。

問題 3.7

$$_{10}C_8 = {}_{10}C_2 = \frac{{}_{10}P_2}{2!} = \frac{10!}{8! \times 2!} = \frac{10 \times 9}{2 \times 1} = 45$$

上の計算式から 45 通りとなります。

問題 3.8

右辺に式 (3.6) を適用して計算します。すなわち，

$$\begin{aligned}
{}_{n-1}C_r + {}_{n-1}C_{r-1} &= \frac{(n-1)!}{(n-1-r)!r!} + \frac{(n-1)!}{(n-r)!(r-1)!} \\
&= \frac{(n-r)(n-1)!}{(n-r)(n-r-1)!r!} + \frac{r(n-1)!}{r(n-r)!(r-1)!} \\
&= \frac{(n-r)(n-1)! + r(n-1)!}{(n-r)!r!} = \frac{(n-r+r)(n-1)!}{(n-r)!r!} = \frac{n(n-1)!}{(n-r)!r!} \\
&= \frac{n!}{(n-r)!r!} = {}_nC_r
\end{aligned}$$

となりますので，題意は示されました。

問題 4.1

根元事象は $(A, B) = (1,4), (2,3), (3,2), (4,1)$ の 4 通りですから，その起こる確率は $4/36 = 1/9$ となります。

問題 4.2

フェニルケトン症の遺伝子を A および a とすると，劣性遺伝 aa の場合，発症します。最初の子どもが発症しているので，この夫婦の遺伝子型はともに Aa です。この夫婦に健康な子どもが生まれる確率は $AA : Aa : aa = 1 : 2 : 1$ より $3/4$ となりますから，2 人の子どもがともに健康である確率は $(3/4)^2 = 9/16$ となります。

問題 4.3

この製品 1 個が不良品となる統計的確率は $25/5000 = 0.005$ です。

(1) $(0.005)^2 = 0.000025$ となります。
(2) 余事象「2 個とも不良品でない」の起こる確率は，$(1 - 0.005)^2$ です。した

がって，$1 - (1 - 0.005)^2 = 0.009975$ となります．

問題 4.4 $(a+b+c)^2 = a^2 + b^2 + c^2 + 2ab + 2bc + 2ca$ より $P(BC) = 2bc = 2 \times 0.52 \times 0.36 = 0.3744$ です．

問題 4.5 この町での遺伝子 M および N の比率を p および q とします．ここで $p + q = 1$ です．$2pq : q^2 = 10 : 1$ ですから，$2p : q = 10 : 1$ となり，$2p = 10q$ より $p = 5q$ となります．$p + q = 5q + q = 6q = 1$ より，$q = 1/6$ となります．

問題 4.6 余事象「1 回も酸っぱいみかんを取り出さない」，すなわち「3 回とも酸っぱくないみかんを取り出す」を考えます．よって，$1 - 6/8 \times 5/7 \times 4/6 = 9/14$ となります．

問題 4.7 2 回くじを引いているので，以下の 4 つの根元事象が考えられます．

(i) A および B が起きる根元事象：その確率 $3/10 \times 2/9 \times 1/8$
(ii) A が起きて B が起きない根元事象：その確率 $3/10 \times 7/9 \times 2/8$
(iii) A が起きずに B が起きる根元事象：その確率 $7/10 \times 3/9 \times 2/8$
(iv) A および B がともに起きない根元事象：その確率 $7/9 \times 6/9 \times 3/8$

これら 4 つの確率の和より，$P(C) = 216/720 = 3/10$ となるので，結局，$P(A) = P(B) = P(C) = 3/10$ となります．

問題 4.8 (1) 男子の新生児が 70 歳まで生きる確率を $P(70)$ と表すとします．このとき，$P(70) = 54{,}623/100{,}000 = 0.546$ となります．
(2) 20 歳の男性が 50 歳まで生きている確率を $P(50|20)$ と表すとします．ベイズの定理より，

$$P(50|20) = \frac{P(20|50)P(50)}{P(20)}$$

ここで 50 歳の男性は，20 歳のとき当然生きていましたから $P(20|50) = 1$ です。したがって $P(50|20) = 7,268/96,003 = 0.909$ となります。

(3) 40 歳の男性が 10 年後に生きている確率を 1 から引けばよいので，ベイズの定理より次の式で求められます。

$$1 - P(50|40) = 1 - \frac{P(40|50)P(50)}{P(40)}$$

$P(40|50)$ は当然 1 ですから，$1 - P(50|40) = 0.041$ となります。

問題 4.9 検査で陰性の事象を N とすると，求める確率は $P(I|N)$ と表され，以下の式が成り立ちます。

$$P(I|N) = \frac{P(N|I)P(I)}{P(N)}$$

ここで，$P(N|I)$ は 1%，$P(I)$ は 1/1000 です。$P(N)$ は検査で陰性の割合ですから，感染者の 1% と非感染者の 98% の和となります。これらの値を上の式に代入すると，

$$\frac{0.01 \times 0.001}{0.001 \times 0.01 + 0.999 \times 0.98} = \frac{1}{1 + 97902} = 0.0000102\cdots$$

となり，ほぼ 0 となります。

問題 4.10 各県出身である事象を A, B, C, D, 女性である事象を W で表すと，求める確率は $P(A|W)$ で表され，次の式が成り立ちます。

$$P(A|W) = \frac{P(W|A)P(A)}{P(A)P(W|A) + P(B)P(W|B) + P(C)P(W|C) + P(D)P(W|D)}$$

ここで，$P(A) = 0.2, P(B) = 0.4, P(C) = 0.3, P(D) = 0.1$。また，$P(W|A) = 0.55, P(W|B) = 0.5, P(W|C) = 0.6, P(W|A) = 0.45$ となります。これらの数値を式にあてはめると，

$$P(A|W) = \frac{0.2 \times 0.55}{0.2 \times 0.55 + 0.4 \times 0.5 + 0.3 \times 0.6 + 0.1 \times 0.45} = 0.2056\cdots$$

したがって，約 20.6% です。

問題 5.1 どの目の出る確率も 1/6 ですから，その平均（期待値）は式 (5.7) より $(1+2+3+4+5+6)/6 = 21/6 = 7/2$ となります。また，その分散は式 (5.9) より

$$\left(1-\frac{7}{2}\right)^2 \cdot \frac{1}{6} + \left(2-\frac{7}{2}\right)^2 \cdot \frac{1}{6} + \cdots + \left(6-\frac{7}{2}\right)^2 \cdot \frac{1}{6}$$
$$= \frac{25+9+1+1+9+25}{24} = \frac{35}{12}$$

となります。

問題 5.2 関数 $f(x)$ の概略は次の図のように描けます。

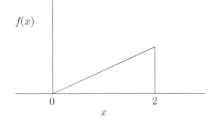

$f(x)$ が確率密度となるためには，次の式が成り立つ必要があります。

$$\int_{-\infty}^{\infty} f(x)dx = \int_0^2 cx dx = 1$$

すなわち，図の三角形の面積が 1 である必要があります。そこで，この三角形の底辺の長さは 2 ですから $c = \frac{1}{2}$ となります。この積分を解いても当然同じ答えが得られます。分布関数 $F(x)$ は $0 \leq x \leq 2$ のとき次の式で表されます。

$$\int_{-\infty}^x f(s)ds = \int_0^x cs ds = \int_0^x s ds = \frac{x^2}{2}$$

したがって，分布関数 $F(x)$ のグラフは割愛しますが，次のように表せます。

$$F(x) = \begin{cases} 0 & (x < 0) \\ \dfrac{x^2}{2} & (0 \leq x < 2) \\ 1 & (2 \leq x) \end{cases}$$

問題 5.3 平均は連続変数の式 (5.8) に従い，区間 $[a,b]$ で c の値を使って積分すると，

$$\mu = \int_0^\infty x f(x) dx = \int_a^b \frac{x}{b-a} dx = \frac{1}{b-a} \cdot \frac{1}{2}[x^2]_a^b = \frac{b^2 - a^2}{2(b-a)} = \frac{a+b}{2}$$

となります。分散も連続変数の式 (5.10) に従い，区間 $[a,b]$ で c と μ の値を使って積分すると

$$\sigma^2 = \int_0^\infty (x-\mu)^2 f(x) dx = \int_a^b \left(x - \frac{a+b}{2}\right)^2 \left(\frac{1}{b-a}\right) dx$$

$$= \frac{1}{b-a} \int_a^b \left\{x^2 - (a+b)x + \left(\frac{a+b}{2}\right)^2\right\} dx$$

$$= \frac{1}{b-a} \left[\frac{x^3}{3} - \frac{(a+b)}{2}x^2 + \left(\frac{a+b}{2}\right)^2 x\right]_a^b = \frac{(b-a)^2}{12}$$

となります。

問題 5.4 関数 $f(x)$ の概形は下の図のように表されます。

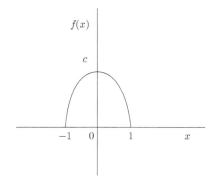

X 軸と半円状の図形に囲まれた面積は 1 となりますから，次の式が成り立ちます。

$$\int_{-1}^1 c(1-x^2) dx = 1$$

これを解くと

$$\int_{-1}^1 c(1-x^2) dx = c\left[x - \frac{x^3}{3}\right]_{-1}^1 = \left(1 - \frac{1}{3} + 1 - \frac{1}{3}\right)c = \frac{4}{3}c = 1$$

したがって，$c = 3/4$。

グラフからわかるように，この関数は $x = 0$，図の縦軸に関して対称ですから，平均は 0 です。連続変数の式 (5.8) に従って実際に計算してみると，次のように $\mu = 0$ となります。

$$\mu = \int_{-\infty}^{\infty} xf(x)dx = \int_{-1}^{1} \frac{3}{4}x(1-x^2)dx = \int_{-1}^{1} \frac{3}{4}(x-x^3)dx$$

$$= \frac{3}{4}\left[\frac{x^2}{2} - \frac{x^4}{4}\right]_{-1}^{1} = \frac{3}{4}\left(\frac{1}{2} - \frac{1}{2}\right) = 0$$

分散は式 (5.10) に基づいて，

$$\int_{-1}^{1} \frac{3}{4}(1-x^2)(x-0)^2 dx = \frac{3}{4}\int_{-1}^{1}(1-x^2)x^2 dx$$

$$= \frac{3}{4}\int_{-1}^{1}(x^2-x^4)dx = \frac{3}{4}\left[\frac{x^3}{3} - \frac{x^5}{5}\right]_{-1}^{1}$$

となります。これを解くと 1/5 になります。

問題 5.5 2 つのサイコロの出る回数をそれぞれ X_1 と X_2 とします。起こりうるすべての事象を考え，その確率を求めてもよいのですが，ここでは問題 5.1 を使って簡単に解きます。つまり，$E(X_1) = E(X_2) = 7/2$ ですから，式 (5.21) を使って $E(X_1 + X_2) = 7/2 + 7/2 = 7$ となります。一方，X_1 と X_2 は独立ですから，式 (5.22) を使って $\sigma^2 = 35/12 + 35/12 = 35/6$ です。

問題 6.1 「1 回だけ変色したリンゴを取り出す」場合の余事象「3 回とも変色していないリンゴを取り出す」を考えます。二項分布の式 (6.1) より，余事象の起きる確率は次のように求められます。

$$_3C_0 \left(\frac{1}{8}\right)^0 \left(1 - \frac{1}{8}\right)^3 = \left(\frac{7}{8}\right)^3 = \frac{343}{512}(= 0.670)$$

したがって，求める確率は $1 - 0.670 = 0.330$ となります。

この問題で，変色していないリンゴを取り出す事象を 3 回繰り返すと考えて，$(7/8)^3$ としても構いません。

問題 6.2　5 の目が出る確率は 1/6 ですから，平均は $(1/6) \times 8$ より 4/3 です。また，分散は $8 \times (1/6) \times (5/6)$ より $40/36 = 10/9 ≒ 1.11$ となります。

問題 6.3　「1 日に 3 回以上電話がかかってくる」場合の余事象は，「0 回」，「1 回」，および「2 回」電話がかかってくるという事象です。したがって求める確率は $1 - \{f(0) + f(1) + f(2)\}$ となります。ここで，例題 6.3 より $f(0) = 0.135$ です。また，$f(1) = f(2) = 2e^{-2} = 0.27$ と計算されますから，求める確率は 0.325 となります。

問題 6.4　総細胞数は 208，総粒子数は 441 ですから，1 細胞あたりの平均値は 2.15 個となります。この値をポアソン分布の平均値として，各粒子数に対して計算し，それを全細胞数に配分すると，次のような結果が得られます。

粒子数	0	1	2	3	4	5	6	7
推定細胞数	24.14	51.98	55.98	40.19	21.64	9.323	3.347	1.03

この結果は正の整数ではないので，それぞれ四捨五入すると，$24, 52, \cdots$ となります。ただし総細胞数 208 に合わせるため，最も細胞数の多い粒子数 2 の細胞数は 57 とします。

問題 7.1　① 585 点を標準化変換すると，$z = (585 - 600)/100 = -0.15$ となります。正規分布表をみると正の値の $z = 0.15$ に対して 0.440 が得られます。正規分布の密度関数は平均値 0 に関して左右対称ですから，585 点以下の占める比率は 0.440 となります。

　$\boxed{\text{Ex}}$ エクセル関数を使う場合は =NORM.S.DIST は標準化した z に関して $-\infty$ から積算していくので，=NORM.S.DIST(-0.15,TRUE)= 0.440 となり，同じ値が得られます。=NORMDIST(585,600,100,TRUE) のようにもとの数字を使っても同じ結果が得られます。

② 700 点は標準化変換すると $z = (700 - 600)/100 = 1$ となり，正規分布表を

みると確率 0.159 が得られます。求める値は $-0.15 \leq z \leq 1$ における確率 $P(-0.15 \leq z \leq 1)$ ですから，図 7.4 の正規分布の確率密度曲線を留意して $(0.5 - 0.159) + (0.5 - 0.44) = 0.401$ が得られます。

$\boxed{\text{Ex}}$ エクセル関数では 2 つの関数の差として =NORM.S.DIST(1,TRUE)−NORM.S.DIST(−0.15,TRUE)= 0.401 となります。=NORMDIST(700,600, 100,TRUE)−NORMDIST(585,600,100,TRUE) でも同じ結果が得られます。

問題 7.2　公平なサイコロを振って 5 の目が出る確率は 1/6 ですから，この期待値は $100/6 = 50/3 = 16.7$，分散は $100 \times (1/6) \times (1 - 1/6) = 13.89$ となります。したがって標準偏差は 3.73 と計算できます。5 の目が出る回数が 25 回である事象を標準化すると，$z = (25 - 16.7)/3.73 = 2.23$ となります。正規分布表より $z = 2.23$ で 0.013 が得られ，正規分布関数は平均値に関して左右対称ですから，25 回以上の起こる確率は 0.013 となります。

$\boxed{\text{Ex}}$ エクセル関数では =NORM.S.DIST(−2.23,TRUE)= 0.013 となります。

問題 8.1　母分散は $6^2 \times 9 = 6^2 \times 3^2 = 18^2$ (mmHg)^2 ですから，母標準偏差は 18mmHg と求められます。

問題 8.2　母平均は標本平均と等しいと考えられるので，6100 個/μL となります。また，標本平均の分散は母平均を標本の個数で割った値ですから，母分散は $98 \times 10 = 980$（個/μL）^{2} となります。

問題 9.1　246g と 256g に対して標準化変換を行い，それぞれ Z_1，Z_2 とすると Z_1, Z_2 は次のように計算されます。

$$Z_1 = \frac{246 - 250}{20/\sqrt{36}} = \frac{-4}{20/6} = -1.2 \qquad Z_2 = \frac{256 - 250}{20/\sqrt{36}} = \frac{6}{20/6} = 1.8$$

したがって $P(-1.2 \leq Z \leq 1.8)$ となる確率を正規分布表を使って求めればよいのですが，この問題では $Z_1 < 0 < Z_2$ となっているので注意が必要です。図 7.4 の

解答　167

正規分布の確率密度曲線を見てください。つまり，求める確率は $P(Z_1 \leq Z \leq 0)$ の部分と $P(0 \leq Z \leq Z_2)$ の部分に分けて計算する必要があります。したがって，$(0.5 - 0.1151) + (0.5 - 0.0359) = 0.849$ より，84.9%となります。

Ex エクセル関数では $-\infty$ から積算しているので，=NORM.S.DIST(1.8,TRUE)=0.964 から =NORM.S.DIST(-1.2,TRUE)=0.115 を引くと，同じ値が得られます。

問題 9.2 246gと256gに対して標準化変換を行い，それぞれ Z_1, Z_2 とすると Z_1, Z_2 は次のように計算されます。

$$Z_1 = \frac{246 - 250}{16/\sqrt{35}} = \frac{-4}{2.70} = -1.48 \qquad Z_2 = \frac{256 - 250}{16/\sqrt{35}} = \frac{6}{2.70} = 2.22$$

したがって $P(-1.48 \leq Z \leq 2.22)$ となる確率を正規分布表を使って求めればよいのですが，この問題では $Z_1 < 0 < Z_2$ となっているので，求める確率は $P(Z_1 \leq Z \leq 0)$ の部分と $P(0 \leq Z \leq Z_2)$ の部分に分けて計算する必要があります。したがって，$(0.5 - 0.0694) + (0.5 - 0.0132) = 0.917$ より，91.7%となります。

Ex エクセル関数では $-\infty$ から積算しているので，=NORM.S.DIST(1.8,TRUE)=0.987 から =NORM.S.DIST(-1.2,TRUE)=0.0694 を引くと，同じ値が得られます。

問題 9.3 式 (9.1) より Z を計算します。その結果，$Z = (530 - 520)/(5/\sqrt{4}) = 4$ となり，3シグマ限界を超えているので，異常と考えらます。

問題 10.1 この二乗和は自由度 15 の χ^2 分布に従うと考えられます。付録の χ^2 分布表において $n = 15$ で二乗和 $t = 25.0$ となる値（確率）は 0.05 と読み取れます。したがって求める答えは 0.05 です。

Ex エクセル関数では =CHISQ.DIST.RT(25,15) より 0.05 となります。

問題 10.2 母分散を σ^2 とすると，式 (10.4) より $Z = 10S^2/\sigma^2$ は自由度 $10 - 1 = 9$ の χ^2 分布に従います。χ^2 分布表から $Z > 14.68$ となる確率は 0.1（10 回に 1 回）ですから，$10 \times 1.2/\sigma^2 = 14.68$ が成り立ちます。したがって，$\sigma^2 = 12/14.68 = 0.817$

が得られます。

問題 10.3 B の 8 個の標本分散を S_B^2 とします。式 (10.7) を用いて, $X = 4 \times (8-1) \times 5S_B^2 / (8 \times (4-1)) \times S_B^2)$ より $X = 5.833$ となります。この X は自由度 (3,7) の F 分布に従い, F 分布表から $X > 4.35$ となる確率は 5% です。$X = 5.833 > 4.35$ より (例えば図 10.3 をみて) このような結果となる確率は 5% より小さいと判断されます。
[Ex] エクセル関数では =F.INV.RT(0.05,3,7) から 4.35 が得られます。

問題 10.4 定理 10.9 より $T = \sqrt{(6-1)} \times (3.8-3.4)/(\sqrt{0.64}) = 1.12$ と計算されます。t 分布表 ($\alpha = 0.05$) で $n = 5$ のとき $T = 2.571$ です。$T = 1.12$ は -2.571 と $+2.571$ の間に位置するため, 5% より大きいといえます。
[Ex] エクセル関数を使うと =T.DIST(1.12,5,TRUE)=0.843 となり, この事象が起きる確率は 84.3% であることがわかります。

問題 11.1 式 (11.1) と式 (11.2) を用いて母平均の不偏推定量は 4.5, 母分散の不偏推定量は $1.6 \times 10/(10-1) = 1.78$ となります。

問題 11.2 標本平均 22.5g, 標本分散 11.25g^2 と計算されます。したがって, 母平均の不偏推定量は 22.5g となります。母分散の不偏推定量は $11.25 \times 10/(10-1) = 12.5$g^2 となります。

問題 11.3 式 (11.12) において, $\bar{X} = 22.5$ と $S^2 = 11.25 = 3.354^2$, $n = 10$ です。x_1 は自由度 (1,9) の F 分布表 (95%) から 5.12 が得られます。したがって, これらの数値をこの式に代入して $20.0 < \mu < 25.0$ と推定できます。

t 分布を用いる場合は, t 分布表から $-2.262 < t < 2.262$ の範囲が該当します。

解 答

式 (11.14) を用いて計算すると，同じ解答 $20.0 < \mu < 25.0$ が得られます。

問題 11.4 式 (11.16) において $S^2 = 11.25$, $n = 10$ です。信頼水準 95% ですから，両端でそれぞれ 2.5% となるような x_1 と x_2 を χ^2 分布表から読み取ります。その結果，x_1 と x_2 は 2.70 と 19.0 となります。これらの値を式 (11.16) に代入すると，$5.92 < \sigma^2 < 41.67$ と推定されます。

問題 12.1 ① 帰無仮説として，H_0：「このコインはトスに対して正常である」を立てます。すなわち，このコインで表が出る確率を p とすると，仮説は H_0：「p は 1/2 である」，対立仮説は H_1：「p は 1/2 でない」となります。したがって，両側検定を行うことになります。

帰無仮説 H_0 のもとで，表が出る回数 X は二項分布 $\text{Bin}(300, 1/2)$ に従います。したがってその平均と分散は次のように求められます。

$$\mu = np = 300/2 = 150$$
$$\sigma^2 = np(1-p) = 300 \times (1/2) \times (1/2) = 75 = 8.66^2$$

トスの回数は 300 回と多いので，この分布を正規分布とみなし，次の標準化変換をすれば Z は $N(0, 1)$ に従います。

$$Z = \frac{X - \mu}{\sigma}$$

$X = 165$ のとき $Z = 1.73$ となります。標準化した正規分布関数曲線で，両端の棄却域の面積の和が 5% となるのは $Z = 1.96$ のときです（正規分布表参照：片側 2.5%）。$1.73 < 1.96$ より Z の値は採択域に入るため，仮説 H_0 は棄却されません。すなわち，危険率 5% でこのコインは正常ではないとはいえない（すなわち正常であるといえる），となります。

[Ex] エクセル関数では =NORM.S.DIST(1.73,TRUE)=0.958 となり，$P(-\infty < Z < 1.73) = 0.958$ から $P = 0.975$（片側 2.5%）より小さいため Z は棄却域に入りません。

② 帰無仮説として，H_0：「このコインはトスに対して正常である」を立てます。すなわち，表が出る確率を p とすると，H_0：「$p = 1/2$」です。しかし，「表が出やすい」とあるので ① とは異なり，H_1：「$p > 1/2$」とします。そこで片側検定を行い

ます。① と同様に標準化変換をして $X = 165$ のとき $Z = 1.73$ となります。危険率が 5%ですから片側の棄却域の面積が 5%となるのは $Z = 1.645$ のときです（正規分布表参照：片側 5%）。$1.645 < 1.73$ より Z の値は棄却域に入るため，H_0 は棄却されます。すなわち，このコインは表が出やすい，といえます。

問題 12.2 帰無仮説として，H_0：「この会社の平均値は市の平均と等しい」を立てます。例題 12.2 と同様に考えて，Z を計算すると，$Z = (249000 - 258000)/48600 \times 10 = -1.85$ となります。-1.96（5%棄却域）$< -1.85 < 0$ より，Z は 5%棄却域よりも内側にあり，採択域に入ります。その結果，「市平均から離れている（低い）とはいえない」となります。

Ex エクセル関数では =NORM.S.DIST(−1.85,TRUE)=0.032 となり，5%棄却域，すなわち左辺の片側 2.5%には入らないことがわかります。

問題 12.3 帰無仮説として，H_0：「この会社の平均と市の平均とは等しい」を立てます。大小関係を検定するので，片側検定となります。例題 12.3 と同様に，T を計算すると，$T = -1.40$ となります。t 分布表で棄却域は両側検定での数値ですから，危険率は 2 倍した 10%とし，自由度 16 から -1.746 を得ます。$-1.746 < -1.40 < 0$ より T は採択域に入ります。したがって市平均より低いとはいえません。

Ex エクセル関数では =T.DIST(−1.4,16,TRUE)=0.0903 となり，$P(-\infty < T \leq -1.40) = 0.0903$ ですから，5%棄却域（片側）には入らないことがわかります。

問題 12.4 帰無仮説として，H_0：「この会社の平均値は市の値と等しい」を立てます。例題 12.4 と同様に，Z を計算すると $Z = 12.3$ となります。自由度 16，危険率 5%で χ^2 分布表から棄却域は 26.3 以上となります。$Z = 12.3 < 26.3$ ですから，採択域に入り，棄却されません。すなわち，この会社の平均値は市の値と異なるとはいえません。

Ex エクセル関数では =CHISQ.DIST.RT(12.3,16)=0.913 となり，$P(-\infty < Z \leq 12.3) = 0.913 < 0.95$ ですから，採択域にあることがわかります。

問題 12.5 帰無仮説として，H_0：「2 つの母集団の母分散は等しい」を立てます。例題 12.5 と同様に考え，X の計算をすると，$X = 1.62$ となります。F 分布表から $F_{40,30}(1\%) = 2.30$ および $F_{40,30}(99\%) = 1/F_{30,40}(1\%) = 1/2.2 = 0.455$ が得られます。$X = 1.62$ はこの採択域に入るので，仮説は棄却されず，母分散は等しくないとはいえない，となります。

問題 12.6 帰無仮説として「両養鶏場の鶏卵の重さの平均に差はない」を立てます。式 (12.1) において，分子は $71 - 77 = -6$，分母は 2.61 より，$Z = -2.30$ となります。棄却域は $Z < -1.96$ および $Z > 1.96$ ですから，$Z = -2.30$ は棄却域に入るため，仮説は棄却され，鶏卵の平均重量に差があると判断されます。

問題 12.7 帰無仮説として「この実験においてもメンデルの法則が成りたち，黄色と緑色のエンドウの種子が生ずる比率は 3：1 である」を立てます。つまり，黄色の種子の生ずる比率 p は 3/4 とします。種子の総数は十分多いため，例題 12.7 の z に関する式 (12.4) を使って検定できます。ここで棄却率は両側検定で 5% とします。$z = 1.73$ と計算され，この値は $-1.96 < z < 1.96$ の採択域に入るため，この結果はメンデルの法則に矛盾するとはいえません。

問題 13.1 帰無仮説として「両市の平均値に差はない」を立てます。2 群とも標本の個数が多いので，定理 9.1 よりそれぞれ $N(182, 26/40)$ と $N(177, 25/40)$ の正規分布に従うと考えられます。したがって，この 2 つの平均値の差は正規分布の一次結合の定理から正規分布 $N(182 - 177, 26/40 + 25/40)$，すなわち $N(8, 1.13^2)$ に従います。次に標準化変換をすると，$Z = 5/1.13 = 4.42$ と計算されます。危険率は両側合わせて 5% ですから，棄却域は正規分布表から $Z < 1.96$ および $Z > 1.96$ の領域です。$Z = 4.42$ は棄却域に入るので，仮説は棄却されます。したがって，この両市の総コレステロールの平均値に差はあるといえます。

問題 13.2 最初に両農場のリンゴの重さの分散について検定します。例題 13.2 と同様に考え，帰無仮説として「両農場のリンゴの重さについて，分散に差はない」を立てます。これを両側検定5%のF検定で判定します。標本分散比 X の値を計算すると $X = 2.26$ が得られます。$F_{9,9}(0.05) = 3.18$ より，$X = 2.26$ は採択域に入り，両分散に有意差はないと判断できます。次に，帰無仮説として「両農場のリンゴの重さについて，平均に差はない」を立て，両者の平均を t 検定すると，$t = 1.10$ と計算されます。両側検定5%の棄却域は自由度 18 で $-2.10 < t$ および $t > 2.10$ となります。したがってこの統計量は採択域に入り，平均値に有意差があるとはいえない，と判定されます。

問題 13.3 帰無仮説として「両グループの平均に差はない」を立てます。平均の検定の前に，危険率5%で分散の検定を行います。最初に，分散に関して「両分散に差はない」と立て，F 検定をすると，統計量 $F = 0.659$ が計算して得られます。一方，$F_{4,6}(0.05) = 0.162$ ですから，棄却領域は $F < 0.162$ となり，$F = 0.659$ は採択域に入るため，両分散は等しいと考えてよいことになります。次に両グループの平均を t 検定します。統計量 $t = -2.16$ が計算して得られます。一方，自由度 10，両側5%で棄却域は $t < -2.23$ および $t > 2.23$ ですから，統計量 t は採択域に入り，両グループに差があるとはいえないと判断されます。

問題 13.4 最初に，両群の分散について検定します。帰無仮説として「両者の分散に差はない」を立てます。標本量である分散比 $F = 4.86$ は計算されます。危険率を両側で5%とすると，$F_{8,8}(0.025) = 4.43$，$F_{8,8}(0.975) = 0.226$ より，$F = 4.86$ は棄却域に入ります。したがって両分散は等しいとはいえないので，ウェルチの方法で平均値を検定します。その結果，$t = 0.799$ と計算されます。この場合自由度は 11 で，5%棄却域（両側）は $-2.20 < t$ および $t > 2.20$ ですから，$t = 0.799$ は採択域に入り，仮説は棄却されません。したがってこの2群に差があるとはいえません。

問題 13.5 平均は 6.00, 標本分散 4.33 と計算されます。最初に帰無仮説として「治療の前後で体重に変化はない」を立てます。式 (10.10) を用いて $T = 3.67$ と計算されます。t 検定において危険率 5%（両側）で自由度 7 のとき, 棄却域は $T < -2.36$ および $T > 2.36$ ですから, $T = 3.67$ は棄却域に入ります。したがって, 仮説は棄却され, 治療によって体重に差があったと判定されます。

問題 14.1 全標本の個数は 120 個です。各クラスの期待度数と観測度数は次のように計算できます。

目の数	A	B	C	D	計
期待度数	45	30	30	15	120
観測度数	59	26	27	8	120

統計量 X は式 (14.1) を使って 8.456 と計算され, 自由度 3 で 5% の棄却域は $X > 7.81$ となるため, $X = 8.456$ は棄却域に入ります。その結果, この仮説は棄却され, 観察結果はメンデルの法則に従うとはいえない, と結論されます。

問題 14.2 帰無仮説として「食品 B を食べた客と客全員の間に発症率の差はない」を立てます。各小計と全喫食者数から期待度数は次の表のようになります。

	発症	非発症	小計
喫食	9.19708	11.803	21
喫食せず	50.8029	65.197	116
小計	60	77	137

したがって統計量 X は式 (14.2) を用いて 1.795 と計算されます。一方, χ^2 分布で自由度 1, 両側検定 5% の棄却域は $X > 3.84$ です。$X = 1.795$ は採択域に入るので, 仮説は棄却されません。食品 B の食中毒事件への関与はないと推定されます。

食品 C についても同様な方法で解析をします。その結果, $X = 3.990$ と計算され, 棄却域 $X > 3.84$ に入ります。したがって, 仮説は棄却され, 食品 C はこの事件の原因食品と推定されます。

参考図書

統計学全般に関して
[1] 薩摩順吉 (1989) 理工系の数学入門コース 7　確率・統計，岩波書店
[2] 石村園子 (2006) やさしく学べる統計学，共立出版
[3] L. ゴニック，W. スミス (1995) マンガ確率・統計が驚異的によくわかる（中村和幸訳），白揚社

生物学および医学分野の統計に関して
[3] 仮谷太一 (1979) 医学・生物学の統計学，共立出版
[4] J.F. クロー (1989) 基礎集団遺伝学（安田徳一訳），培風館
[5] 市原清志 (1990) バイオサイエンスの統計学　正しく活用するための実践理論，南江堂
[6] 東京大学医科学研究所学友会編 (1976) 細菌学実習提要（改訂 5 版），丸善

巻末付録

数表.1　標準正規分布表
数表.2　χ^2 分布表
数表.3　F 分布表 (1)
数表.4　F 分布表 (2)
数表.5　t 分布表

数表.1　標準正規分布表

z の値に対するグラフの灰色部分の面積 $\phi(z)$ を示します。最上列の数字 0–9 は各行の z の小数点第 2 位の数字を示します。

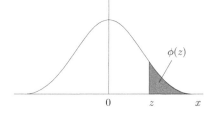

z	0	1	2	3	4	5	6	7	8	9
0.0	0.5000	0.4960	0.4920	0.4880	0.4840	0.4801	0.4761	0.4721	0.4681	0.4641
0.1	0.4602	0.4562	0.4522	0.4483	0.4443	0.4404	0.4364	0.4325	0.4286	0.4247
0.2	0.4207	0.4168	0.4129	0.4090	0.4052	0.4013	0.3974	0.3936	0.3897	0.3859
0.3	0.3821	0.3783	0.3745	0.3707	0.3669	0.3632	0.3594	0.3557	0.3520	0.3483
0.4	0.3446	0.3409	0.3372	0.3336	0.3300	0.3264	0.3228	0.3192	0.3156	0.3121
0.5	0.3085	0.3050	0.3015	0.2981	0.2946	0.2912	0.2877	0.2843	0.2810	0.2776
0.6	0.2743	0.2709	0.2676	0.2643	0.2611	0.2578	0.2546	0.2514	0.2483	0.2451
0.7	0.2420	0.2389	0.2358	0.2327	0.2296	0.2266	0.2236	0.2206	0.2177	0.2148
0.8	0.2119	0.2090	0.2061	0.2033	0.2005	0.1977	0.1949	0.1922	0.1894	0.1867
0.9	0.1841	0.1814	0.1788	0.1762	0.1736	0.1711	0.1685	0.1660	0.1635	0.1611
1.0	0.1587	0.1562	0.1539	0.1515	0.1492	0.1469	0.1446	0.1423	0.1401	0.1379
1.1	0.1357	0.1335	0.1314	0.1292	0.1271	0.1251	0.1230	0.1210	0.1190	0.1170
1.2	0.1151	0.1131	0.1112	0.1093	0.1075	0.1056	0.1038	0.1020	0.1003	0.0985
1.3	0.0968	0.0951	0.0934	0.0918	0.0901	0.0885	0.0869	0.0853	0.0838	0.0823
1.4	0.0808	0.0793	0.0778	0.0764	0.0749	0.0735	0.0721	0.0708	0.0694	0.0681
1.5	0.0668	0.0655	0.0643	0.0630	0.0618	0.0606	0.0594	0.0582	0.0571	0.0559
1.6	0.0548	0.0537	0.0526	0.0516	0.0505	0.0495	0.0485	0.0475	0.0465	0.0455
1.7	0.0446	0.0436	0.0427	0.0418	0.0409	0.0401	0.0392	0.0384	0.0375	0.0367
1.8	0.0359	0.0351	0.0344	0.0336	0.0329	0.0322	0.0314	0.0307	0.0301	0.0294
1.9	0.0287	0.0281	0.0274	0.0268	0.0262	0.0256	0.0250	0.0244	0.0239	0.0233
2.0	0.0228	0.0222	0.0217	0.0212	0.0207	0.0202	0.0197	0.0192	0.0188	0.0183
2.1	0.0179	0.0174	0.0170	0.0166	0.0162	0.0158	0.0154	0.0150	0.0146	0.0143
2.2	0.0139	0.0136	0.0132	0.0129	0.0125	0.0122	0.0119	0.0116	0.0113	0.0110
2.3	0.0107	0.0104	0.0102	0.0099	0.0096	0.0094	0.0091	0.0089	0.0087	0.0084
2.4	0.0082	0.0080	0.0078	0.0075	0.0073	0.0071	0.0069	0.0068	0.0066	0.0064
2.5	0.0062	0.0060	0.0059	0.0057	0.0055	0.0054	0.0052	0.0051	0.0049	0.0048
2.6	0.0047	0.0045	0.0044	0.0043	0.0041	0.0040	0.0039	0.0038	0.0037	0.0036
2.7	0.0035	0.0034	0.0033	0.0032	0.0031	0.0030	0.0029	0.0028	0.0027	0.0026
2.8	0.0026	0.0025	0.0024	0.0023	0.0023	0.0022	0.0021	0.0021	0.0020	0.0019
2.9	0.0019	0.0018	0.0018	0.0017	0.0016	0.0016	0.0015	0.0015	0.0014	0.0014
3.0	0.0013	0.0013	0.0013	0.0012	0.0012	0.0011	0.0011	0.0011	0.0010	0.0010
3.1	0.00097	0.00094	0.00090	0.00087	0.00084	0.00082	0.00079	0.00076	0.00074	0.00071
3.2	0.00069	0.00066	0.00064	0.00062	0.00060	0.00058	0.00056	0.00054	0.00052	0.00050
3.3	0.00048	0.00047	0.00045	0.00043	0.00042	0.00040	0.00039	0.00038	0.00036	0.00035
3.4	0.00034	0.00032	0.00031	0.00030	0.00029	0.00028	0.00027	0.00026	0.00025	0.00024
3.5	0.00023	0.00022	0.00022	0.00021	0.00020	0.00019	0.00019	0.00018	0.00017	0.00017

数表.2 χ^2 分布表

自由度 n に対してグラフの灰色の面積 α を示す t の値を示します。

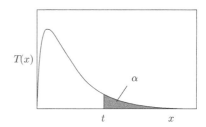

n \ α	0.975	0.950	0.900	0.500	0.100	0.050	0.025	0.010	0.005
1	0.0010	0.0039	0.016	0.455	2.71	3.84	5.02	6.63	7.88
2	0.051	0.103	0.211	1.39	4.61	5.99	7.38	9.21	10.60
3	0.216	0.352	0.584	2.37	6.25	7.81	9.35	11.34	12.84
4	0.484	0.711	1.06	3.36	7.78	9.49	11.14	13.28	14.86
5	0.831	1.15	1.61	4.35	9.24	11.07	12.83	15.09	16.75
6	1.24	1.64	2.20	5.35	10.64	12.59	14.45	16.81	18.55
7	1.69	2.17	2.83	6.35	12.02	14.07	16.01	18.48	20.28
8	2.18	2.73	3.49	7.34	13.36	15.51	17.53	20.09	21.95
9	2.70	3.33	4.17	8.34	14.68	16.92	19.02	21.67	23.59
10	3.25	3.94	4.87	9.34	15.99	18.31	20.48	23.21	25.19
11	3.82	4.57	5.58	10.34	17.28	19.68	21.92	24.72	26.76
12	4.40	5.23	6.30	11.34	18.55	21.03	23.34	26.22	28.30
13	5.01	5.89	7.04	12.34	19.81	22.36	24.74	27.69	29.82
14	5.63	6.57	7.79	13.34	21.06	23.68	26.12	29.14	31.32
15	6.26	7.26	8.55	14.34	22.31	25.00	27.49	30.58	32.80
16	6.91	7.96	9.31	15.34	23.54	26.30	28.85	32.00	34.27
17	7.56	8.67	10.09	16.34	24.77	27.59	30.19	33.41	35.72
18	8.23	9.39	10.86	17.34	25.99	28.87	31.53	34.81	37.16
19	8.91	10.12	11.65	18.34	27.20	30.14	32.85	36.19	38.58
20	9.59	10.85	12.44	19.34	28.41	31.41	34.17	37.57	40.00
30	16.79	18.49	20.60	29.34	40.26	43.77	46.98	50.89	53.67
40	24.43	26.51	29.05	39.34	51.81	55.76	59.34	63.69	66.77
50	32.36	34.76	37.69	49.33	63.17	67.50	71.42	76.15	79.49
60	40.48	43.19	46.46	59.33	74.40	79.08	83.30	88.38	91.95
70	48.76	51.74	55.33	69.33	85.53	90.53	95.02	100.43	104.21
80	57.15	60.39	64.28	79.33	96.58	101.88	106.63	112.33	116.32
90	65.65	69.13	73.29	89.33	107.57	113.15	118.14	124.12	128.30
100	74.22	77.93	82.36	99.33	118.50	124.34	129.56	135.81	140.17

数表. 3　F 分布表 (1)

自由度 m と n に対してグラフの灰色の面積が 0.05 となる t の値を示します。

n＼m	1	2	3	4	5	6	7	8
1	161.4	199.5	215.7	224.6	230.2	234.0	236.8	238.9
2	18.51	19.00	19.16	19.25	19.30	19.33	19.35	19.37
3	10.13	9.55	9.28	9.12	9.01	8.94	8.89	8.85
4	7.71	6.94	6.59	6.39	6.26	6.16	6.09	6.04
5	6.61	5.79	5.41	5.19	5.05	4.95	4.88	4.82
6	5.99	5.14	4.76	4.53	4.39	4.28	4.21	4.15
7	5.59	4.74	4.35	4.12	3.97	3.87	3.79	3.73
8	5.32	4.46	4.07	3.84	3.69	3.58	3.50	3.44
9	5.12	4.26	3.86	3.63	3.48	3.37	3.29	3.23
10	4.96	4.10	3.71	3.48	3.33	3.22	3.14	3.07
11	4.84	3.98	3.59	3.36	3.20	3.09	3.01	2.95
12	4.75	3.89	3.49	3.26	3.11	3.00	2.91	2.85
13	4.67	3.81	3.41	3.18	3.03	2.92	2.83	2.77
14	4.60	3.74	3.34	3.11	2.96	2.85	2.76	2.70
15	4.54	3.68	3.29	3.06	2.90	2.79	2.71	2.64
16	4.49	3.63	3.24	3.01	2.85	2.74	2.66	2.59
17	4.45	3.59	3.20	2.96	2.81	2.70	2.61	2.55
18	4.41	3.55	3.16	2.93	2.77	2.66	2.58	2.51
19	4.38	3.52	3.13	2.90	2.74	2.63	2.54	2.48
20	4.35	3.49	3.10	2.87	2.71	2.60	2.51	2.45
30	4.17	3.32	2.92	2.69	2.53	2.42	2.33	2.27
40	4.08	3.23	2.84	2.61	2.45	2.34	2.25	2.18
50	4.03	3.18	2.79	2.56	2.40	2.29	2.20	2.13
60	4.00	3.15	2.76	2.53	2.37	2.25	2.17	2.10
70	3.98	3.13	2.74	2.50	2.35	2.23	2.14	2.07
80	3.96	3.11	2.72	2.49	2.33	2.21	2.13	2.06
90	3.95	3.10	2.71	2.47	2.32	2.20	2.11	2.04
100	3.94	3.09	2.70	2.46	2.31	2.19	2.10	2.03

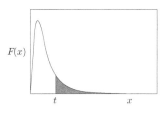

9	10	12	14	16	20	30	40	50
240.5	241.9	243.9	245.4	246.5	248.0	250.1	251.1	251.8
19.38	19.40	19.41	19.42	19.43	19.45	19.46	19.47	19.48
8.81	8.79	8.74	8.71	8.69	8.66	8.62	8.59	8.58
6.00	5.96	5.91	5.87	5.84	5.80	5.75	5.72	5.70
4.77	4.74	4.68	4.64	4.60	4.56	4.50	4.46	4.44
4.10	4.06	4.00	3.96	3.92	3.87	3.81	3.77	3.75
3.68	3.64	3.57	3.53	3.49	3.44	3.38	3.34	3.32
3.39	3.35	3.28	3.24	3.20	3.15	3.08	3.04	3.02
3.18	3.14	3.07	3.03	2.99	2.94	2.86	2.83	2.80
3.02	2.98	2.91	2.86	2.83	2.77	2.70	2.66	2.64
2.90	2.85	2.79	2.74	2.70	2.65	2.57	2.53	2.51
2.80	2.75	2.69	2.64	2.60	2.54	2.47	2.43	2.40
2.71	2.67	2.60	2.55	2.51	2.46	2.38	2.34	2.31
2.65	2.60	2.53	2.48	2.44	2.39	2.31	2.27	2.24
2.59	2.54	2.48	2.42	2.38	2.33	2.25	2.20	2.18
2.54	2.49	2.42	2.37	2.33	2.28	2.19	2.15	2.12
2.49	2.45	2.38	2.33	2.29	2.23	2.15	2.10	2.08
2.46	2.41	2.34	2.29	2.25	2.19	2.11	2.06	2.04
2.42	2.38	2.31	2.26	2.21	2.16	2.07	2.03	2.00
2.39	2.35	2.28	2.22	2.18	2.12	2.04	1.99	1.97
2.21	2.16	2.09	2.04	1.99	1.93	1.84	1.79	1.76
2.12	2.08	2.00	1.95	1.90	1.84	1.74	1.69	1.66
2.07	2.03	1.95	1.89	1.85	1.78	1.69	1.63	1.60
2.04	1.99	1.92	1.86	1.82	1.75	1.65	1.59	1.56
2.02	1.97	1.89	1.84	1.79	1.72	1.62	1.57	1.53
2.00	1.95	1.88	1.82	1.77	1.70	1.60	1.54	1.51
1.99	1.94	1.86	1.80	1.76	1.69	1.59	1.53	1.49
1.97	1.93	1.85	1.79	1.75	1.68	1.57	1.52	1.48

数表. 4　F 分布表 (2)

自由度 m と n に対して，前ページのグラフの灰色の面積が 0.01 となる t の値を示します。

n \ m	1	2	3	4	5	6	7	8
1	4052	5000	5403	5625	5764	5859	5928	5981
2	98.50	99.00	99.17	99.25	99.30	99.33	99.36	99.37
3	34.12	30.82	29.46	28.71	28.24	27.91	27.67	27.49
4	21.20	18.00	16.69	15.98	15.52	15.21	14.98	14.80
5	16.26	13.27	12.06	11.39	10.97	10.67	10.46	10.29
6	13.75	10.92	9.78	9.15	8.75	8.47	8.26	8.10
7	12.25	9.55	8.45	7.85	7.46	7.19	6.99	6.84
8	11.26	8.65	7.59	7.01	6.63	6.37	6.18	6.03
9	10.56	8.02	6.99	6.42	6.06	5.80	5.61	5.47
10	10.04	7.56	6.55	5.99	5.64	5.39	5.20	5.06
11	9.65	7.21	6.22	5.67	5.32	5.07	4.89	4.74
12	9.33	6.93	5.95	5.41	5.06	4.82	4.64	4.50
13	9.07	6.70	5.74	5.21	4.86	4.62	4.44	4.30
14	8.86	6.51	5.56	5.04	4.69	4.46	4.28	4.14
15	8.68	6.36	5.42	4.89	4.56	4.32	4.14	4.00
16	8.53	6.23	5.29	4.77	4.44	4.20	4.03	3.89
17	8.40	6.11	5.18	4.67	4.34	4.10	3.93	3.79
18	8.29	6.01	5.09	4.58	4.25	4.01	3.84	3.71
19	8.18	5.93	5.01	4.50	4.17	3.94	3.77	3.63
20	8.10	5.85	4.94	4.43	4.10	3.87	3.70	3.56
30	7.56	5.39	4.51	4.02	3.70	3.47	3.30	3.17
40	7.31	5.18	4.31	3.83	3.51	3.29	3.12	2.99
50	7.17	5.06	4.20	3.72	3.41	3.19	3.02	2.89
60	7.08	4.98	4.13	3.65	3.34	3.12	2.95	2.82
70	7.01	4.92	4.07	3.60	3.29	3.07	2.91	2.78
80	6.96	4.88	4.04	3.56	3.26	3.04	2.87	2.74
90	6.93	4.85	4.01	3.53	3.23	3.01	2.84	2.72
100	6.90	4.82	3.98	3.51	3.21	2.99	2.82	2.69

9	10	12	14	16	20	30	40	50
6022	6056	6106	6143	6170	6209	6261	6287	6303
99.39	99.40	99.42	99.43	99.44	99.45	99.47	99.47	99.48
27.35	27.23	27.05	26.92	26.83	26.69	26.50	26.41	26.35
14.66	14.55	14.37	14.25	14.15	14.02	13.84	13.75	13.69
10.16	10.05	9.89	9.77	9.68	9.55	9.38	9.29	9.24
7.98	7.87	7.72	7.60	7.52	7.40	7.23	7.14	7.09
6.72	6.62	6.47	6.36	6.28	6.16	5.99	5.91	5.86
5.91	5.81	5.67	5.56	5.48	5.36	5.20	5.12	5.07
5.35	5.26	5.11	5.01	4.92	4.81	4.65	4.57	4.52
4.94	4.85	4.71	4.60	4.52	4.41	4.25	4.17	4.12
4.63	4.54	4.40	4.29	4.21	4.10	3.94	3.86	3.81
4.39	4.30	4.16	4.05	3.97	3.86	3.70	3.62	3.57
4.19	4.10	3.96	3.86	3.78	3.66	3.51	3.43	3.38
4.03	3.94	3.80	3.70	3.62	3.51	3.35	3.27	3.22
3.89	3.80	3.67	3.56	3.49	3.37	3.21	3.13	3.08
3.78	3.69	3.55	3.45	3.37	3.26	3.10	3.02	2.97
3.68	3.59	3.46	3.35	3.27	3.16	3.00	2.92	2.87
3.60	3.51	3.37	3.27	3.19	3.08	2.92	2.84	2.78
3.52	3.43	3.30	3.19	3.12	3.00	2.84	2.76	2.71
3.46	3.37	3.23	3.13	3.05	2.94	2.78	2.69	2.64
3.07	2.98	2.84	2.74	2.66	2.55	2.39	2.30	2.25
2.89	2.80	2.66	2.56	2.48	2.37	2.20	2.11	2.06
2.78	2.70	2.56	2.46	2.38	2.27	2.10	2.01	1.95
2.72	2.63	2.50	2.39	2.31	2.20	2.03	1.94	1.88
2.67	2.59	2.45	2.35	2.27	2.15	1.98	1.89	1.83
2.64	2.55	2.42	2.31	2.23	2.12	1.94	1.85	1.79
2.61	2.52	2.39	2.29	2.21	2.09	1.92	1.82	1.76
2.59	2.50	2.37	2.27	2.19	2.07	1.89	1.80	1.74

数表.5　t 分布表

自由度 n に対してグラフの灰色の面積 α（片側 $\alpha/2$ ずつ）となる t の値を示します。

n \ α	0.1	0.05	0.025	0.01	0.005
1	6.314	12.706	25.452	63.657	127.32
2	2.920	4.303	6.205	9.925	14.089
3	2.353	3.182	4.177	5.841	7.453
4	2.132	2.776	3.495	4.604	5.598
5	2.015	2.571	3.163	4.032	4.773
6	1.943	2.447	2.969	3.707	4.317
7	1.895	2.365	2.841	3.499	4.029
8	1.860	2.306	2.752	3.355	3.833
9	1.833	2.262	2.685	3.250	3.690
10	1.812	2.228	2.634	3.169	3.581
11	1.796	2.201	2.593	3.106	3.497
12	1.782	2.179	2.560	3.055	3.428
13	1.771	2.160	2.533	3.012	3.372
14	1.761	2.145	2.510	2.977	3.326
15	1.753	2.131	2.490	2.947	3.286
16	1.746	2.120	2.473	2.921	3.252
17	1.740	2.110	2.458	2.898	3.222
18	1.734	2.101	2.445	2.878	3.197
19	1.729	2.093	2.433	2.861	3.174
20	1.725	2.086	2.423	2.845	3.153
30	1.697	2.042	2.360	2.750	3.030
40	1.684	2.021	2.329	2.704	2.971
50	1.676	2.009	2.311	2.678	2.937
60	1.671	2.000	2.299	2.660	2.915
70	1.667	1.994	2.291	2.648	2.899
80	1.664	1.990	2.284	2.639	2.887
90	1.662	1.987	2.280	2.632	2.878
100	1.660	1.984	2.276	2.626	2.871
120	1.658	1.980	2.270	2.617	2.860
140	1.656	1.977	2.266	2.611	2.852

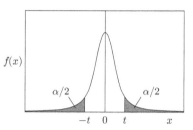

索 引

数字・欧文

3 シグマ限界 89
F 分布 98
t 分布 102
χ^2 分布 95

あ 行

一次結合 90

か 行

階級 4
階級値 4
確率 27
確率変数 45
確率密度関数 46, 48
片側検定 121
観測度数 145
棄却域 119
危険率 119
記述統計学 3
期待値 49
期待度数 145
帰無仮説 121
共通部分 20
区間推定 109
組合せ 24
経験的確率 27
検定 119

個体 77
根元事象 27

さ 行

最確数 65
最頻値 10
最尤推定 108
散布図 6
試行 27
事象 27
自由度 95
順列 23
条件つき確率 33
乗法の定理 34
信頼区間 109
信頼限界 109
信頼水準 109
推測統計学 3
数学的確率 27
正規分布 69
積事象 29
積率（モーメント） 51
全体集合 20
層別抽出法 78

た 行

大数の法則 61
対立遺伝子 32
対立仮説 119

多項分布 65
多次元データ 6
中央値 10
中心極限定理 71
超幾何分布 66
重複組合せ 25
重複順列 24
適合度 145
点推定 107
統計的確率 27
統計量 9, 119
独立 34
独立性の検定 148
度数 4
度数分布表 3

な 行

二項分布 58

は 行

排反 29
ハーディー・ワインベルグの法則 32
幅 4
パレート図 84
範囲 4
ヒストグラム 5
非復元抽出 36
標準化変換 72
標準正規分布 72
標準偏差 50
標本 77
標本共分散 15
標本空間 27
標本相関係数 15
標本統計量 79
標本標準偏差 13
標本分散 11, 79
品質管理 89
復元抽出 36

部分集合 20
不偏推定量 107
不偏標本分散 12
分割表 148
分散 50
分布関数 47
平均 10, 71
平均値 10
ベイズ更新 40
ベイズの基本公式 37
ベイズの定理 37
ベン図 20
ポアソン分布 62
補集合 20
母集団 77
母数 78
母比率 78
母分散 78
母平均 78

ま 行

無限集合 19
モーメント（積率） 51
モンテカルロ法 92

や 行

有意水準 119
有限集合 19
尤度関数 108
要素 19
余事象 29

ら 行

乱数 78
ランダムウォーク 151
両側検定 121

わ行

和事象 29

• memo •

• memo •

• memo •

• memo •

• memo •

著者紹介

藤川　浩　理学博士
1979 年　北海道大学獣医学部卒業
現　在　東京農工大学名誉教授

小泉和之　博士（理学）
2004 年　東京理科大学理学部卒業
現　在　横浜市立大学データサイエンス学部准教授

NDC417　202p　21cm

生物系のためのやさしい基礎統計学

2016 年 10 月 21 日　第 1 刷発行
2021 年 8 月 20 日　第 2 刷発行

著　者　藤川　浩・小泉和之
発行者　髙橋明男
発行所　株式会社　講談社
　　　　〒112-8001　東京都文京区音羽 2-12-21
　　　　　販売　(03)5395-4415
　　　　　業務　(03)5395-3615
編　集　株式会社　講談社サイエンティフィク
　　　　代表　堀越俊一
　　　　〒162-0825　東京都新宿区神楽坂 2-14　ノービィビル
　　　　　編集　(03)3235-3701
本文データ制作　藤原印刷株式会社
カバー・表紙印刷　豊国印刷株式会社
本文印刷・製本　株式会社　講談社

落丁本・乱丁本は，購入書店名を明記のうえ，講談社業務宛にお送りください．送料小社負担にてお取替えします．なお，この本の内容についてのお問い合わせは，講談社サイエンティフィク宛にお願いいたします．定価はカバーに表示してあります．

Ⓒ H. Fujikawa and K. Koizumi, 2016

本書のコピー，スキャン，デジタル化等の無断複製は著作権法上での例外を除き禁じられています．本書を代行業者等の第三者に依頼してスキャンやデジタル化することはたとえ個人や家庭内の利用でも著作権法違反です．

JCOPY　〈(社)出版者著作権管理機構　委託出版物〉
複写される場合は，その都度事前に (社) 出版者著作権管理機構 (電話 03-5244-5088, FAX 03-5244-5089, e-mail: info@jcopy.or.jp) の許諾を得てください．

Printed in Japan

ISBN 978-4-06-156565-4

講談社の自然科学書

書名	著者	定価
絵でわかる免疫	安保　徹／著	2,200 円
絵でわかる脳のはたらき	黒谷　亨／著	2,200 円
新版　絵でわかるゲノム・遺伝子・DNA	中込弥男／著	2,200 円
絵でわかる薬のしくみ	船山信次／著	2,530 円
絵でわかる樹木の知識	堀　大才／著	2,420 円
絵でわかる植物の世界	大場秀章／監修　清水晶子／著	2,200 円
絵でわかる生物多様性	鷲谷いづみ／著	2,200 円
新版　絵でわかる生態系のしくみ	鷲谷いづみ／著	2,420 円
絵でわかる進化のしくみ	山田俊弘／著	2,530 円
休み時間の免疫学　第3版	齋藤紀先／著	2,200 円
休み時間の生物学	朝倉幹晴／著	2,420 円
休み時間の微生物学　第2版	北元憲利／著	2,420 円
休み時間の生化学	大西正健／著	2,420 円
好きになる免疫学　第2版	山本一彦／監修　萩原清文／著	2,420 円
好きになる生物学　第2版	吉田邦久／著	2,200 円
好きになる分子生物学	多田富雄／監修　萩原清文／著	2,200 円
好きになる解剖学	竹内修二／著	2,420 円
好きになる生理学	田中越郎／著	2,200 円
好きになるヒトの生物学	吉田邦久／著	2,200 円
好きになる栄養学　第3版	麻見直美・塚原典子／著	2,420 円
大学1年生の　なっとく！生物学	田村隆明／著	2,530 円
ひとりでマスターする生化学	亀井碩哉／著	4,180 円
タンパク質の立体構造入門	藤　博幸／著	3,850 円
カラー図解　生化学ノート	森　誠／著	2,420 円

※表示価格は税込み価格（税10％）です。　　「2021年6月現在」

講談社サイエンティフィク　https://www.kspub.co.jp/